营养省钱百姓菜

林霖 主编

中国华侨出版社

图书在版编目(CIP)数据

营养省钱百姓菜 / 林霖主编.—北京:中国华侨出版社，2013.12
ISBN 978-7-5113-4280-5

Ⅰ.①营… Ⅱ.①林… Ⅲ.①家常菜肴-菜谱 Ⅳ.①TS972.12

中国版本图书馆CIP数据核字（2013）第286082号

营养省钱百姓菜

主　　编：林　霖
出 版 人：方　鸣
责任编辑：羽　子
封面设计：凌　云
文字编辑：孟英武
美术编辑：李　蕊
封面用图：www.quanjing.com
经　　销：新华书店
开　　本：720mm × 1020mm　1/16　印张：20　字数：390千字
印　　刷：北京市松源印刷有限公司
版　　次：2014年1月第1版　2014年1月第1次印刷
书　　号：ISBN 978-7-5113-4280-5
定　　价：29.80元

中国华侨出版社　北京市朝阳区静安里26号通成达大厦三层　邮编：100028
法律顾问：陈鹰律师事务所
发 行 部：（010）58815875　　传　　真：（010）58815857
网　　址：www.oveaschin.com
E-mail：oveaschin@sina.com

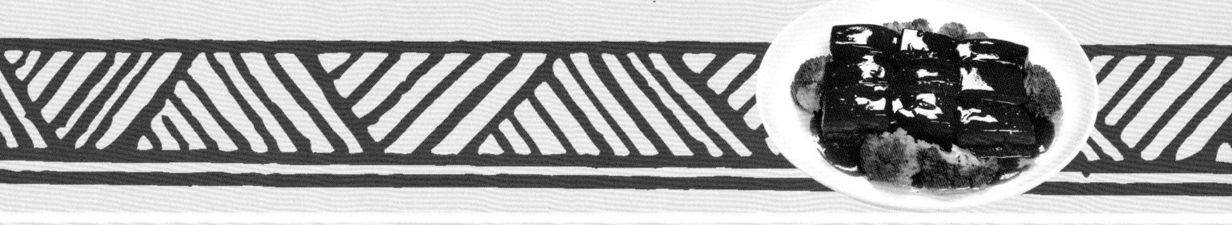

前言

吃得美味和健康是人们追求饮食的终极目标，随着社会经济的不断发展，食材不再受到地域和气候的限制，一年四季各种新鲜食材都可见到，可是，如何尽情运用这些丰富的食材做出美味营养的菜肴，如何在吃出营养、吃出健康的前提下，做到节俭省钱呢？这应该算是一门生活的艺术。

本书从营养和省钱的角度出发，为读者朋友介绍了如何留住食物的营养、怎样制作才能更好地发挥出食物的营养、精打细算的省钱妙招以及既营养又省钱的饮食计划，并精心挑选了近千道百姓喜爱的可口家常菜，包括凉菜、沙拉、家常小炒、烧菜、蒸菜、炖菜、煎菜、炸菜、腌菜、卤菜、家常杂烩、汤煲、火锅等。品种齐全，所选的菜例皆为简单菜式，材料易得，调料、做法介绍详细，且烹饪步骤清晰，详略得当，并附有专家点评、大厨献招、适合人群等，使本书的实用性和操作性大大增强。将经济营养的常见食材和简单易行的烹调技巧结合起来，好学易做，宴客家常两相宜，是百姓居家烹调的首选书。这些菜品中既有人人皆知的大众菜，又有独具风味的地方特色菜，但均为日常生活中可以自己烹饪的家常菜，既可以解决众口难调的问题，又可以为百姓的餐桌增色。酸、甜、苦、辣、咸，五味俱全，黄、绿、黑、红、白，五色全有，无论是北方人还是南方人，无论是老年人还是年轻人，都可以在本书中找到自己想吃的美味。

对于初学者来说，可以从中学习简单的菜色，让自己逐步变成烹饪高手；对于已经可以熟练做菜的人来说，则可以从中学习新的菜色，为自己的厨艺锦上添花。掌握了这些百姓家常菜肴的烹饪技巧，你就不必再为一日三餐吃什么大伤脑筋，也不必再为宴请亲朋感到力不从心。不用去餐厅，在家里就能轻松做出丰盛美食，让家人吃出美味、吃出健康。

美食也是一种享受生活的方式，烹饪的魅力在于“以心入味，以手化食，以食悦人，以人悦己”。如果你想在厨房小试牛刀，如果你想成为人们胃口的主人，成为一个做饭高手的话，不妨拿起本书。当你按照书中介绍的烹调基础和诀窍，以及分步详解的实例烹调出一道看似平凡、却大有味道的家常菜献给父母、爱人、孩子或亲朋时，不仅能享受烹饪带来的乐趣，更能体会美食中那一份醇美，那一缕温暖，那一种幸福。

美味是前提，省钱是宗旨，营养健康是最终目的。但愿这本《营养省钱百姓菜》不仅能为您省钱，还能通过美味菜色滋润您的每一天。

目录

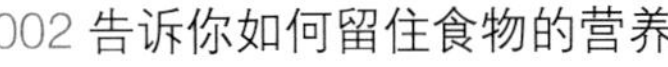

第一篇 营养省钱，好吃不贵

第二篇 凉菜、沙拉

爽口开胃营养多

第三篇 家常小炒

香辣美味炒出来

第四篇 烧菜

醇厚鲜香人人爱

第五篇 蒸菜

软糯细嫩最营养

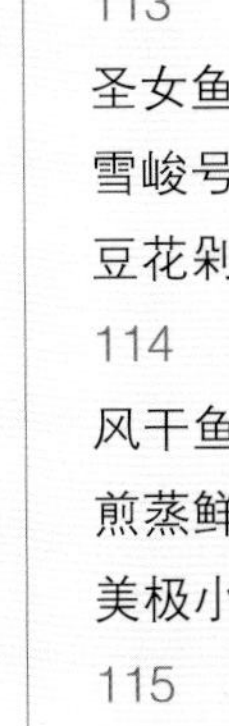

第六篇 炖菜

味美汤鲜最适口

第七篇 煎菜

好吃不上火

第八篇 炸菜

香酥脆嫩炸出来

第九篇 腌菜、卤菜

老少皆宜不油腻

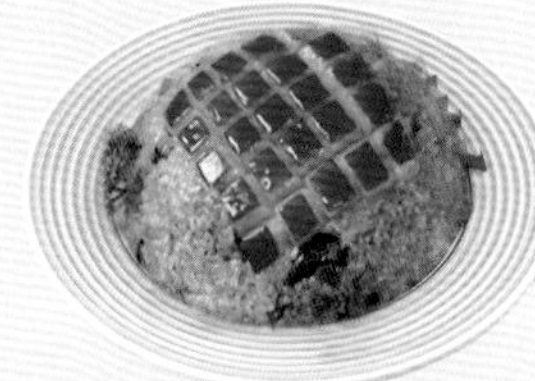

第十篇 杂烩菜

乡土滋味最地道

第十一篇 营养汤煲

尽现美食精华

第十二篇 火锅

百锅千味又实惠

第一篇

营养省钱，好吃不贵

告诉你如何留住食物的营养

为什么现在的人在饮食方面要求的越来越高，而营养却没有越来越好呢？因为我们的一些不良饮食习惯，使很多食物的营养在不知不觉中流失了。要想吃得好、吃得营养，就要学会科学地储藏和烹饪食物，留住食物中的营养。

1.储存食品别太久

很多人喜欢周末采购一周需要的食品，存入冰箱中。实际上，食物储存得越久，营养流失得越多。食物储藏时间越长，接触气体和光照的面积就越大，一些有抗氧化作用的维生素(如维生素A、维生素C、维生素E)的损失就越大。蔬菜应该现买现吃，最好是吃多少买多少。

2.肉类冷冻分成块

一些人习惯将一大块肉解冻之后，将切剩的肉重新放回冰箱中冷冻。有人还为了加快解冻速度，用热水浸泡冻肉，这些做法都是不可取的。因为鱼、肉反复解冻会导致营养物质流失并影响口感。肉类最好的储藏方法是将它们分块，并快速冷冻。

3.米淘两遍就可以

很多人做饭时喜欢把米淘上三五遍，其实，淘米的次数越多，营养素损失得越多，很多水溶性的维生素就会溶解在水里，尤其维生素B_1很容易流失。所以，米一般用清水淘洗两遍即可，不要使劲揉搓。

4.蔬菜洗后再切

蔬菜先洗后切与切后再洗，其营养价值差别很大。蔬菜先切后洗，与空气的接触面加大，营养素容易氧化，水溶性维生素也会流失。有研究表明，新鲜的绿叶蔬菜先洗后切仅损失维生素 C 1%；切后浸泡 10 分钟，维生素 C 会损失 16%~18.5%。因此，切后浸泡时间越长，维生素损失越多。

5.煮米粥千万别放碱

有人认为熬粥时放碱，既省时，又黏稠，而且口感好。煮粥放碱之后，米(大米、小米)中的B族维生素会被加速破坏，因此，熬米粥不能放碱。在煮玉米粥时可加少量碱，因为玉米中所含有的结合型烟酸不易被人体吸收，加碱能使结合型烟酸变成游离型烟酸，为人体所吸收利用。

6.炒菜方法很讲究

炒菜时要急火快炒，避免长时间炖煮，而且要盖好锅盖，防止溶于水的维生素随蒸气跑掉。炒菜时应尽量少加水。炖菜时适当加点醋，既可调味，又可保护维生素C少受损失。做肉菜时适当加一点淀粉，既可减少营养素的流失，又可改善口感。

7.加热时间不要长

烹调方式的选择也会影响食物的营养。多叶蔬菜在加热过程中会损失20%~70%的营养物质，食物蒸煮过度会使维生素遭到破坏，维生素C、B族维生素、氨基酸等极有营养的成分有一个共同的弱点就是“怕热”，在80℃以上就会损失掉。而煎炸食物会破坏食品中的维生素A、维生素C和维生素E，还会产生有毒物质丙烯酰胺。

8.菠菜炒前焯一下

在炒菠菜之前，要先将菠菜焯一下，因为菠菜中含有大量草酸，与所摄入食物中的钙会形成草酸钙，而草酸钙是人体不吸收的，这样，就会导致钙的流失。而把菠菜用开水焯一下就能溶解80%以上的草酸，从而提高钙的生物利用率。焯的时候要等水沸了再下锅，快速捞起，不能久煮。

9.榨汁不如吃鲜果

水果榨成汁后，果肉和膜都被去除了，在这个过程中，维生素C会大大减少，而且会损失大量的纤维素。所以喝榨蔬果汁不如直接吃水果好，如果要榨成蔬果汁，最好采用打碎机加工，这样可以保留果肉和膜。

食物种类和营养价值分类

1.谷类

谷物食品主要含有纤维、矿物质、B族维生素等营养素，分为全谷类和加工谷类。

①全谷类食品。提到谷类食品，我们会想到面包、麦片粥、面粉、米饭，但鲜有人能够知道全谷类食品和加工谷类食品之间的区别。全谷类食物中，麸皮、胚芽和胚乳的比例和它们在被压碎或剥皮之前的比例是一样的。 面粉、加工面粉、去除胚芽的玉米粉并不是全谷类食物，在食物中加了麸皮的食物也不是全谷类食物。全谷类食物是纤维和营养素的重要来源。它们能够提高我们的耐力，帮我们远离肥胖、糖尿病、疲劳、营养不良、神经系统失常、胆固醇相关心血管疾病以及肠功能紊乱。

②加工谷类。谷类在加工时，麸皮和胚芽基本上都除掉了，同时把膳食纤维、维生素、矿物质和其他有用的营养素比如木脂素、植物性雌激素、酚类化合物和植酸也一起除掉了。但加工谷类的质地更细一些，保存期也更长一些。现在，很多加工谷类中被人工加入了很多营养素，也就是说，在这些加工谷类中加入了铁、B族维生素（叶酸、维生素B_1、维生素B_2和烟酸等）。不过，在这种再加工的谷类中，往往不会加入纤维，除非加进了麸皮。

除了一般的营养素，全谷类食物中还含有其他营养素，对身体健康非常重要。木酚素和植物性雌激素（异黄酮素）是类雌激素，存在于一些植物和植物产品中。木脂素化合物或者多酚是非常强的抗氧化物，特别是类黄酮。除了强化免疫系统，它们还有助于预防心脏病和高血压，还能强化身体整个系统。多酚还有抗生素和抗病毒的效果。全谷类食物中发现的另一个重要的补充物是植酸，也叫肌醇六磷酸。所有这些营养素都可以预防癌症。多吃全谷类食物最大的优点之一就是谷类位于食物链的最底部，它们受的

污染最轻。所以，多吃谷类可以减少杀虫剂和其他化学物质的摄入。

谷类的建议日摄入量为300～500克。

2.动物性食物

这一类食物包括猪肉、牛肉、羊肉、兔肉等畜肉类，鸡、鸭、鸽子等禽肉类，水产中的鱼虾贝类以及以上食物的副产品如奶类和蛋等。动物性食物是人类获取蛋白质、脂肪、热量以及多种矿物质和维生素的重要来源。人体组织的大约20％是由蛋白质组成的，人体生长需要22种氨基酸来配合，其中只有14种能够由人体自身来产生。剩下的8种氨基酸是：色氨酸、亮氨酸、异亮氨酸、赖氨酸、缬氨酸、苏氨酸、苯丙氨酸和蛋氨酸。这8种氨基酸是人体必不可少，而机体内又不能合成，必须从食物中获得的，称必需氨基酸。肉类和豆类组中所有的食物都含有必需氨基酸。除了蛋白质之外，肉类中还有其他种类的营养物质。但肉类最大的缺点之一是它含有饱和脂肪酸。动物性食品的建议日摄入量为125～200克。

3.豆类及豆制品

豆类是指豆科农作物的种子，有大豆、蚕豆、绿豆、赤豆、豌豆等，就其在营养上的意义与消费量来看，以大豆为主。各种豆类蛋白质含量都很高，如大豆为41％、干蚕豆为29％、绿豆为23％、赤豆为19％。大豆所含蛋白质质量好，其氨基酸的组成与牛奶、鸡蛋相差不大，豆类蛋白质氨基酸的组成特点是均富含赖氨酸，而蛋氨酸稍有不足。由大豆制成的豆制品包括豆腐、豆浆

等营养也十分丰富。大豆异黄酮有多种结构，其中三羟基异黄酮具有雌激素活性，对骨质疏松、心脏病等许多慢性疾病具有预防作用。豆类及豆制品的建议日摄入量为50克。

4.蔬菜水果类

这类食物中，除含有蛋白质、脂肪、糖、维生素和矿物质外，还有成百上千种植物化学物质。这些天然的化学物质，是植物用于自我保护、避免遭受自然界细菌、病毒和真菌侵害的具有许多生物活性的化合物。尽管人们目前对每一种植物化合物的生物活性还不完全了解，但可以肯定的是它们对人类健康包括预防和对抗皮肤过敏、各种病原体的入侵乃至人类衰老和癌症等，都有着重要影响。

植物化学物质具有一系列潜在的生物活性，如提高免疫力、抗氧化和自由基、抑制肿瘤生成、诱导癌细胞良性分化等。有激素活性的植物化学物质还可抑制与激素有关的癌症发展。例如儿茶酚能遏止癌细胞分裂，减缓其扩散速度。黄酮类物质可延长体内重要抗氧化剂（如维生素C、维生素E和β－胡萝卜素）的作用时间，降低血小板活性，防止血液凝集，从而对心血管疾病如中风、冠状心脏病等具有预防作用。

多吃蔬菜还可以降低患Ⅱ型糖尿病、口腔癌、胃癌、结肠直肠癌、肾结石、高血压等疾病的风险。蔬菜水果类食物的建议日摄入量为1000克。

食物的成分与我们的健康

对于味觉来说，食物仅仅能提供感官上的刺激，我们能品尝出并记住各种食物不同的味道，这也是我们对食物最表层的认识。但是对于整个身体，食物提供的不仅是味觉刺激，还意味着蛋白质、维生素等基本的营养成分；意味着机体的各个器官和系统的正常运行；意味着生命的延续和个体的生长发育。要想了解食物怎样影响我们的健康，就要先了解它们的基本组成成分有哪些。

1.蛋白质

蛋白质是生命与各种生命活动的物质基础，是构成器官的重要元素，是由 20 多种氨基酸按不同的顺序和构型构成的一种复杂的高分子有机物。蛋白质是构成细胞膜、细胞核的主要成分，参与重要的生理活动。另外，蛋白质也供给热能，1 克蛋白质在体内氧化分解可产生 17 千焦的热量。碳水化合物、脂肪和蛋白质都含有氧、氢、碳元素，但是只有蛋白质含有氮、硫和磷元素。所有这些营养素对生命、生长和维持健康都很重要。血液中的蛋白质能够平衡含水量和酸碱度。蛋白质还能形成抗体来抵抗传染病。我们的骨骼、牙齿、指甲、肌腱和肌肉都是由纤维蛋白组成的。想保持它们的健康，必须要摄入足够的蛋白质，否则身体会从它存储的蛋白质中借用，对骨骼和肌肉造成破坏。

蛋白质存在于肉类、禽类、鱼类、贝类、坚果、种子、豆类、谷类、奶制品和蛋类中。蛋白质消化的时间比碳水化合物和脂肪要长一些，但是过程基本相似。酶把大的蛋白质分子分解成小的蛋白质分子，叫作氨基酸。这些小分子会融进血液运输到身体的各个细胞，来构成和修补身体组织。而且血红蛋白也是由蛋白质构成的。

2.矿物质和微量元素

矿物质和微量元素包括钙、铁、磷、钾、钠、镁、锌等多种物质，这类物质不含热量，但是它们是地球上所有物质的构成基础。几乎所有食物都能提供或多或少的矿物质和微量元素，我们的身体利用、存储和消耗掉矿物质和微量元素，它们支持身体结构和功能，帮助身体产生能量。矿物质有时相互之间能抵消，我们最好吃健康一些的食品来保证身体摄取足量的矿物质和微量元素。

3.碳水化合物

碳水化合物是一大类具有碳、氢、氧元素的化合物，是人类从膳食中获得热能的最经济和最主要的来源。它按化学结构大致可分为单糖类、双糖类、多糖类。碳水化合物存在于谷类产品（如面包、米饭等）、玉米、土豆及其他蔬菜、水果和糖果中。它们是由成千上万个葡萄糖分子构成的。消化系统把这些分子分解成独立的葡萄糖分子，进入血液循环。如果它们不能作为能量被马上消耗掉，多余的葡萄糖就会转化成糖原存储在肝脏和肌肉中。当糖原存储到饱和状态时，如果热量的需要也已满足，这些糖原就会转化成脂肪存储在脂肪组织中。

4.维生素

维生素是一种有机化合物，包括维生素A、B族维生素，维生素C、维生素D和维生素E等几大类，它们共同的特点是能够加强氨基酸、碳水化合物和脂肪在人体器官内的新陈代谢。这就是说，尽管维生素本身不能为身体提供能量，但是却能促进新陈代谢，把食物转化成人体所需要的能量。B族维生素，包括烟酸、维生素 B_1、维生素 B_2 和维生素 B_6 等，能帮助身体释放能量、建立新组

织、生成血红细胞，保持神经系统的良好运转。作为抗氧化物，维生素E在细胞氧化过程中保护维生素A和必需氨基酸不受侵害。谷物和动物性食品能提供大量的B族维生素；蔬菜和水果是维生素C的主要来源；维生素D和维生素E以及一部分维生素A大量存在于动物性食物中，蔬菜和水果如胡萝卜、芒果当中也含有维生素A的植物形式，即胡萝卜素。

5.脂肪

脂肪由脂肪酸组成，是由三分子脂肪酸与一分子甘油脱去三分子水构成的酯，通常不溶于水。脂肪是人体三大能量来源之一，每克脂肪可供37千焦热量，是构成机体组织、供给必需脂肪酸、协助吸收利用脂溶性维生素的重要营养素。脂肪存在于黄油、人造黄油、植物油、调味汁、奶制品（脱脂牛奶除外）、烘烤食品、坚果、种子、肉类（肉眼可以看见的脂肪）、鱼类和贝类（肉眼看不见的脂肪）中。脂肪是产生能量的最重要的营养素，所以我们的身体需要一小部分脂肪。胆汁酸能通过血液循环促进脂肪的消化。如果不能作为能量消耗掉，脂肪就会存储在组织中备用。

充分利用食物中的营养

1.选择时令食品

中医认为，食物和药物一要讲究“气”，二要讲究“味”。因为在中医看来，食物和药物都是由气和味组成的，而它们的气、味只有在当令时，即生长成熟符合节气的时候，才能得天地之精气。《黄帝内经》中有一句名言叫作“司岁备物”，就是说要遵循大自然的阴阳汽化采备药物、食物，这样的药物、食物得天地之精气，营养价值高。所以人们吃菜应该吃应季菜，动植物都要在一定的生长周期内才能成熟，味道和营养才能保证最佳。违背自然生长规律的菜，违背了春生夏长秋收冬藏的寒热消长规律，会导致食品寒热不调，气、味混乱，成为所谓的“形似菜”。如夏天的白菜，外表可以，但味道远不如冬天的，而冬天的番茄大多质硬而无味。

时令食品不仅比较新鲜，而且味道比较纯正，价格也较低。大棚菜接受日照的时间和强度不如在自然条件下生长的蔬菜。日照会影响蔬菜中糖分和维生素的合成，所以反季节蔬菜的糖和维生素的含量会比同类的时令蔬菜略低，这也是为什么大多数反季节蔬

菜吃起来味道较淡的原因。但这并不意味着反季节蔬菜的营养比时令蔬菜差得特别多，因为人体进食蔬菜，除了维生素，还要对其所含纤维和叶绿素等成分进行吸收，至于糖分和维生素，可以通过别的食品加以补充。反季节蔬菜只要烹饪得当，大可放心食用。

2.食物的选购

尽量购买当地产的水果和蔬菜或有机生长的水果和蔬菜以及有机肉、禽和新鲜的鱼，少买或者不买加工食物。买海鲜时要买那些肉很坚实、气味很新鲜的。不要只看颜色来选肉。肉闻起来要很新鲜，不能是黏糊糊的。不要选择加调味品和防腐剂的肉。买回食品后马上带回家，特别是把那些容易腐烂变质的食品马上冷冻起来，这样能够保鲜，也能防止细菌在食物上繁殖。在炎热的天气里，把食物运回家时最好放在有空调的车厢里，不要放在温度较高的后备箱。

除了新鲜食品外，冷冻食物是第二选择，然后才是罐头食品，因为罐头食品中通常含有较多的钠。另外，还要注意检查罐头食品，

看有没有什么东西粘在包装盒外面。因为如果有的话，可能表示这盒罐头漏了。另外，买带包装的食物时，一定要看食品标签上的保质日期。新鲜的食物如果不能马上食用，就需要储存起来。在日常饮食中，有许多食物都是经过储存后被食用的。储存的方式会对食物的营养成分造成影响，最常用的是方便储存法和保鲜储存法，用这两种方法保存食物时，需要注意一些问题。

保鲜储存法是指将食物放在温度比室温低的冰箱里进行保存，这样可以减慢新陈代谢的速度，从而保证食物新鲜的品质并尽可能地保留营养素。

把冰箱保鲜室的温度保持在5℃或更低一点，这样能延缓细菌的生长，冷冻室的温度控制在-18℃。手动调节后，冰箱内的平均温度一般会在6小时后调整过来。一定要把食物存放在密封容器中，因为接触氧气会导致食物营养流失。可以把食物用保鲜膜包好缠紧。如果用塑料袋，在密封前一定要将空气都挤出来。保存罐头时，一定要检查罐头盒上的食品标签，看一下这种食品到底该怎么保存。用冰箱自带的储蛋板来储存蛋类，不要把它们放在冰箱门后面，因为那里的温度要高一些。海鲜在烹饪之前一定要存储在冰箱的保鲜室或冷藏室内。禽类和肉类买回来之后不需处理，可以直接用塑料保鲜膜包好放在冰箱里保存一两天。如果马上要切一块用，可以切下来后用保鲜膜松松地包好，放在保鲜室里，但是不要让肉汁滴到别的食物上。除了鲜肉、蔬菜和奶制品之外，还有很多食品也需要冷藏，如沙拉酱和番茄酱打开后一定要放进保鲜室里。保鲜室里的生肉、生禽、海鲜和其他食物分开存放。煮熟的食物要在2小时内就放到保鲜室里。易腐烂的食物和剩饭剩菜要在2小时内就放起来冷藏或冷冻，剩饭剩菜放在冰箱中保存的话最好不要超过3天。冷冻食品除了维生素C会受到损失外，其他营养素并不会流失。对于肉

类和禽类产品来说，冷冻的过程中蛋白质基本没什么变化。如果食物在冷藏室内冷冻的时间过长，其味道、气味、汁液和颜色都会有所改变。如果食物在密封袋中没有封好，食物包装中就会进入空气，食物的表面会变得干燥坚硬。食物中色素发生化学反应，会导致食物的颜色发生变化。尽管食物在冰箱里风干后没有新鲜的时候那么好，但它还是很安全的，只是食物表面比较干燥，在烹饪前去掉这部分就可以了。

3.食物的烹饪

精心地准备食物是保存维生素和促进消化的关键所在。烹饪经常会改变食物的营养价值，有时候对健康不利，而有时候对健康有益。

烹饪的益处在于，可以杀灭细菌和其他潜在的有害微生物， 去掉蔬菜和谷类中不能消化的部分，解除化学键，释放更多的营养，使 β－胡萝卜素、番茄红素、铁、钙、镁更容易吸收并能提高淀粉中碳水化合物的生物利用率，使它更容易被人体消化吸收。

除非蔬菜枯萎了，否则做菜时可以把蔬菜最外面的叶子和里面的叶子一起用。如果枯萎的话，可以用它们来做汤。如果是做沙拉，把蔬菜上的水擦干或控干；如果是烹饪，那么让它们湿着就可以了。缩短加热的时间，烹饪蔬菜的时候，只要做到软脆就好了，不要煮到很软。如果用水煮蔬菜，那么把煮蔬菜的水留着，因为营养都在汤里，可以用来做汤、酱汁、炖菜或蔬菜汁。做菜要快，这样既可以保持它们的颜色新鲜，也可以保存营养，而且还能避免它们味道变坏。

其实只有蔬菜和水果才需要这么精心地准备，以保证其丰富的营养不会流失。在加工的过程中要注意，营养素通常存在于外面的叶子，并且离表皮很近，所以，过于精细的加工或者剥皮剥得太多，都会大大地削弱蔬菜的营养价值。

蔬菜切碎后与水的直接接触面积增大很

多倍，会使蔬菜中的水溶性维生素如B族维生素、维生素C和部分矿物质以及一些能溶于水的糖类溶解在水里而流失。而且蔬菜切碎后还会增大被蔬菜表面细菌污染的机会。因此蔬菜不能先切后洗，而应该先洗后切。

对于蔬菜来说，白水煮可能是最容易导致营养素流失的因素了，因为有些维生素会溶解在水中。烧烤、烘烤、蒸、炒和微波烹饪都能保存相对较多的维生素和其他营养素，因为这些烹饪方法只用很少的水或基本不用水。通常蔬菜烹饪的时间越长、温度越高、使用的水越多，营养流失的越多。

蔬菜尤其是绿叶蔬菜应旺火速炒，即加热温度为200℃～250℃，加热时间不超过5分钟。这样可以防止维生素和可溶性营养成分的流失。旺火速炒，锅内温度高，可使蔬菜组织内的氧化酶迅速变性失活，防止维生素C因酶促氧化而损失。据测定，叶类蔬菜用旺火速炒的方法可使维生素C保存率达60%～80%；维生素B_2和胡萝卜素可保留76%～94%。而用煮、炖、焖等方法烹制蔬菜，维生素C损失较大，如大白菜切块煮15分钟，维生素C会损失45%。旺火速炒，由于温度高、翻动勤、受热均匀，成菜时间短，可防止蔬菜细胞组织失水过多，同时叶绿素破坏少，原果胶物质分解少，从而既可保持蔬菜质地脆嫩、色泽翠绿，又可保持蔬菜的营养成分。有些维生素的稳定性比其他维生素要好一些。脂溶性维生素在食物的加工、存储和烹饪过程中要比水溶性维生素更稳定一些。举个例子，维生素C如果暴露在热源、空气、氧气和光照下，很容易就会被破坏掉。

精打细算省钱妙招

所谓民以食为天，饮食可是我们每天的头等大事，但是在物价居高不下的今天，我们每人的钱包可得捂紧一点。但是必要的开支总得要的，究竟怎样才能既满足自己的食欲，同时又能省钱呢？以下这些妙招可以轻松解决你的烦恼。

1.中午或收摊时去买菜

一般人总觉得一早到传统市场才能买到最新鲜的食材，其实每日菜色都是当日进货，就算海鲜在同一个早晨新鲜度也不会有明显的不同，且外形愈漂亮的食材会愈贵，而在接近中午快收摊或是黄昏市场里常有大力杀价的空间，或能捡到便宜货，只是外形稍有瑕疵，若能在料理前多花点时间处理，对于美味的菜色影响不大，所花的菜钱却能节省很多。

2.多买盛产期的蔬菜

想要吃得好，又符合经济原则，上市场买菜时，要尽量挑选当季盛产的蔬果，量大新鲜价格又低廉，这是省钱族必备的首要原则。

像秋冬季盛产的高丽菜、白菜、白萝卜，春季盛产的彩椒类、豆类、瓜果蔬菜都是购买的首选。有些人总等不及地想买刚上市的食材来尝鲜，注意，提早采收的食材不见得好吃，可是价格却有可能贵上一两倍呢，多买当季盛产的生鲜食材这主意一定要记住，只要是精打细算的人就会发现盛产期的食材因为特别多，总是特别便宜，而且也是最肥美好吃的。

3.多买根茎类的蔬菜

多买物价波动较小的根茎类蔬菜或水耕的豆芽菜等。叶菜类的蔬菜和水果容易因气候变化造成价格波动，有时贵得吓人，在这个什么都涨的时代，有人为了省钱就干脆不吃蔬菜水果了。可是，这样的饮食习惯对身体很不好！建议可选择根茎类，一年四季都买得到的价格较低廉的蔬果，而且根茎类食材保存时间较久，可分多次食用。

4. 多到超市选购蔬菜

若遇上台风或寒害时，多到大型超市购买生鲜食材。如因台风造成菜价上涨到不可思议的地步时，大卖场也还能出现限时促销的青菜，或许外型不是太好看，但在非常时期就不要太挑剔了，不然一张百元大钞拿出门没换什么菜就花光光了！

5. 大超市买实惠，小超市买新鲜

大超市的商品促销比较频繁，而小超市和农贸市场的蔬菜水果则很新鲜。所以，要是大超市的商品有促销的话，可以大量入货，把常吃的食物多买点回来存货。例如肉类食物，这些存放在冰箱，或腌制好，可以供一个星期食用。要是大超市没有促销的时候，我们就可以去小超市买新鲜的蔬菜了。反正灵活变通，省钱很轻松。

6. 吃海鲜去批发市场

海鲜批发市场，海鲜新鲜实惠，吃一顿海鲜盛宴的痛快岂是星级酒店所比？

在星级酒店吃海鲜的钱，足够我们平常在家吃几顿了。为了我们的钱包着想，我们还是忍一忍，把美味的海鲜留在家中享用吧。在批发市场购买海鲜，比在农贸市场或者超市购买价格都会相应地低廉一点，而且还新鲜很多，何乐而不为呢？

7. 购买本地产的时令产品

如果你选择那些本地出产的农产品，你将不必支付运输费，而且这些食物由于短距离的运输更易保存营养。你也将为支持当地的经济贡献一份力量，这是一个额外的好处。

此外，尽量选择时令的水果和蔬菜，它们的价格会更便宜。

8. 用促销食品做私房菜

结合家人口味，制订一套健康营养又经济的家庭食谱，用促销打折的食品根据食谱烹调。一次在超市买下大量的促销品，怎样用于每天的餐食中，确实是个头痛的问题。要是天天吃同样的食物，实在是让人倒胃口。那么促销品就失去了以后购买的动力了。但是只要我们搭配得当，制定一份好的食谱，一样可以每天为自己和家人奉上美味的佳肴。

9. 避免冲动购物

带着你的购物清单去购物，这样要买的东西你都一目了然，既节省了时间，又避免了诱惑。不会因为漫无目的地东张西望，而一时冲动购买那些吸引你眼球的食物。

10. 避免购买自主品牌的产品

普通牌子的商品在有些时候会被误认为品质不好，但是在你作出决定前，查看一下标签，你会发现它们含有同样的甚至含有比知名品牌产品更多的营养成分，然而它们的价格却便宜很多。

11. 在销价出售时购买

搜寻特价商品，尤其是瘦肉、鸡肉和鱼这些你经常使用的食物，因此而节省下来的开支相当可观。回家后，你可以将它们冷冻起来以备日后食用。

12. 肉类只要新鲜就好

挑选肉类时，只要新鲜就是美味的保证，像鸡肉不一定要选较贵的放山鸡或乌骨鸡，选肉鸡较便宜，口感也不错呀！猪肉不一定得选黑毛猪，一般的肉类只要部位挑选按个人喜好的口感，一样可以做出超好吃的家常菜，有时用便宜的火锅肉片也能做出好味道呢！

13. 炖煮多用电饭锅

做菜时最耗煤气，现在煤气不停地涨价，真叫人吃不消！尤其是炖煮需要长时间开着火，每天用的话，也许一星期就会用掉一罐煤气！像这类炖煮的菜改用电饭锅来烹煮，油烟较少也较健康，煤气炉就留着做快炒菜吧。

14. 常备干货方便又经济

广义的干货可指干香菇、虾米、海苔、干贝、香松或是冬粉、米粉之类的食物。干货因为经过特殊干燥处理，可以长时间放置，想要菜肴加味，或是增添饱足感，用干货搭配新鲜食材，想要迅速又美味地吃一餐也可以这么简单！

15. 用绞肉代替完整肉块

想要餐餐桌上有肉，又担心荷包扁扁。别担心，可买一大包绞肉，再按一次所需分别包装到小袋内冷冻，需要时取出解冻，炒饭、做菜甚至做卤肉都可以。如果口味吃腻了，也可变换鸡肉或是牛肉做绞肉，可让你享用美食的同时兼顾钱包。

既健康又省钱的饮食计划

节约的根本就是要珍惜东西和钱！目前大多数人都在设法对自己口袋里的钱精打细算，对于饮食，只要稍微改变一下思路，每个月就能节省很多钱！能用的东西要物尽其用，能自制的东西就要自己动手！即使不花钱，也可以做出一桌丰盛而可口的饭菜。如果能够活用购物及烹饪的技巧，伙食费、燃气费和电费会相应地减少。

1.有计划地吃出健康

省钱的首选方式是，根据菜单计划来制定相应的食物购买清单。如果你没有菜单计划而是随心所欲地在超市里选购食物，你有可能会购买到那些只是你想要但并不一定需要或者昂贵的东西。如果你已经有了菜单计划和食物购买清单，购物的时候就显得轻而易举了，你可以确切地知道你所要购买的食物，而且还可以节省时间，这样一来，你就不需要每天都去超市了。在你去购物之前，先好好研究一下你的菜单，你同样可以对你的餐费作一个小小的预算，或者利用每周超市特价的时候去购买，就能省更多的钱了。

2.做素食餐

每周至少要吃一次素食餐，这样是使你在日常饮食中摄入更多蔬菜的最好方式，同时也能省下买肉的钱。但是要注意吃素食并不等于获得了健康，要选择有利于健康的营养食谱。多吃用豆类如豌豆、小扁豆等蔬菜烹饪的菜肴，而且不要放入太多动物脂肪类配料（如猪油、奶酪或奶油酱汁）。

3.自己烘烤一些食品

试着自己烘烤一些面包、饼干、蛋糕和甜点等以备招待客人的时候食用，以此代替去超市购买。

自己在家里烘烤出来的食物比在商店里买的更有营养，这不但能培养动手能力，而且还可以把付给商店的烘烤费节省下来。你可以用更健康的原料来烹制食品，以改善其营养价值。如果你有足够多的时间，你可以烘烤大量的食品并对其作保鲜处理，以备日后所需，这样你就为自己准备了充足的富含营养的点心，而且里面不含防腐剂和其他令人讨厌的成分。

凉菜、沙拉
——爽口开胃营养多

水晶黄瓜

材料 黄瓜100克

调料 盐3克，味精5克，醋8毫升，生抽10毫升

做法

1. 黄瓜洗净，切成薄片，放入加了盐、醋的清水中腌一下，捞出沥干装盘。
2. 盐、味精、醋、生抽调成味汁。
3. 将味汁淋在黄瓜上即可。

大厨献招 加入沙拉酱拌一下，味道更佳。

专家点评 增强免疫

杏仁拌苦瓜

材料 杏仁50克，苦瓜250克，枸杞5克

调料 香油10毫升，盐3克，鸡精5克

做法

1. 苦瓜洗净，剖开，去掉瓜瓤，切成薄片，放入沸水中焯至断生，捞出，沥干水分，放入碗中。
2. 杏仁用温水泡一下，撕去外皮，掰成两瓣，放入开水中烫熟；枸杞洗净、泡发。
3. 将香油、盐、鸡精与苦瓜搅拌均匀，撒上杏仁、枸杞即可。

芥味莴笋丝

材料 红椒5克，芥末粉15克，莴笋200克

调料 盐3克，醋、香油、生抽各8毫升

做法

1. 将莴笋去叶、皮、洗净，切丝，放入开水中焯熟；红椒洗净，切丝。
2. 将芥末粉加盐、醋、香油、生抽和温开水，搅匀成糊状，待飘出香味时，淋在莴笋上。
3. 撒上红椒即可。

大厨献招 撒点熟白芝麻一起拌匀，味道会更佳。

专家点评 增强免疫

炝椒辣白菜

材料 红辣椒200克，白菜梗150克

调料 盐3克，味精2克，生抽8克，香油适量

做法

1. 白菜梗洗净，切条；红辣椒洗净备用。
2. 将备好的原材料放入开水稍烫，捞出，沥干水分，放入容器中。
3. 盐、味精、生抽放在红辣椒和白菜梗上，香油烧开，与菜料搅拌均匀，装盘即可。

专家点评 开胃消食

凉拌包菜

材料 包菜700克，红椒50克，青椒25克

调料 盐4克，味精2克，酱油8克，醋5克，香油适量，姜末15克

做法

1. 包菜整个洗净，切成4份；青椒洗净，切末；红椒洗净，一部分切末，一部切丝备用。
2. 将备好的原材料放入开水中稍烫，捞出，沥干水，装盘。
3. 将姜末、盐、味精、酱油、醋、凉开水调成味汁，淋在包菜上，浇上香油即可。

手撕圆泡菜

材料 包菜250克

调料 盐、味精、冰糖粉、白醋、酱油各适量

做法

1. 包菜洗净，一层层地剥开，放入开水中焯一下，捞起，晾干水分。
2. 在罐中铺一层包菜，上面放一层冰糖粉，再放上一层包菜，最后用白醋将包菜浸没，盖紧盖子，放入冰箱，3天后拿出。
3. 盐、味精、酱油调匀，淋在包菜上即可。

专家点评 降低血压

清爽萝卜

材料 白萝卜400克，泡青椒2个，泡红椒50克

调料 盐、味精各3克，醋、香油各适量

做法

1. 白萝卜去皮，洗净，切片。
2. 将泡青椒、泡红椒、醋、香油、盐、味精混合加适量水调匀成味汁。
3. 将白萝卜置味汁中浸泡1天，摆盘即可。

大厨献招 在味汁里加点姜末，味道会更好。

专家点评 养心润肺

冰晶萝卜

材料 白萝卜150克

调料 盐5克，醋3克，味精4克，生抽适量

做法

1. 萝卜洗净，去皮，切成段。
2. 盐、醋、味精加清水调匀，放入萝卜腌渍3个小时，捞出，盛盘。
3. 将生抽淋在萝卜上即可。

大厨献招 加点白糖腌渍，味道更佳。

适合人群 一般人都可食用，尤其适合老年人食用。

冰镇三蔬

材料 黄瓜、胡萝卜、西兰花各150克，冰块800克

调料 盐3克，味精2克，酱油10克

做法

1. 黄瓜洗净，去皮，切薄长片；胡萝卜洗净，切薄长片；西兰花洗净备用。
2. 西兰花放入开水中，稍烫，捞出，沥干水；盐、味精、酱油、凉开水调成味汁装碟。
3. 将备好的材料放入装有冰块的冰盘中冰镇，食用时蘸味汁即可。

五彩豆腐丝

材料 豆腐丝400克，黄瓜80克，白菜梗、西红柿各50克，香菜5克

调料 盐、味精、白糖、生抽、芝麻油各适量

做法

1. 豆腐丝洗净，切段；黄瓜洗净，切丝；白菜梗洗净，切丝；西红柿洗净，切丝；香菜洗净备用；将所有原材料放入水中焯熟。
2. 加盐、味精、白糖、生抽、芝麻油搅拌均匀，装盘即可。

专家点评 提神健脑

大拌菜

材料 黄椒、紫包菜、花生米、樱桃萝卜、黄瓜、大白菜各100克

调料 盐、白醋、白糖、芥末油、香油各适量

做法

1. 黄椒去蒂洗净，切圈；紫包菜洗净，切片；樱桃萝卜洗净，切块；大白菜洗净，撕片；黄瓜洗净，切片。
2. 锅下油烧热，下花生米炒熟，盛出凉凉；将所有材料放在一起，加盐、白醋、白糖、芥末油、香油拌匀装盘即可。

拌五色时蔬

材料 胡萝卜150克，心里美萝卜200克，黄瓜150克，凉皮200克，香菜少许

调料 盐3克、味精3克、香油10克

做法

1. 胡萝卜洗净，切丝；心里美萝卜去皮洗净，切丝；黄瓜洗净，切丝；香菜洗净；将所有原材料放入水中焯熟。
2. 把调味料调匀，与原材料一起装盘，拌匀即可。

专家点评 补血养颜

馅醋大拌菜

材料 黄瓜、粉丝、胡萝卜、豆皮、紫甘蓝各200克

调料 盐3克

做法

1. 黄瓜、豆皮洗净，切丝；粉丝泡软，洗净；胡萝卜去皮，洗净切丝；紫甘蓝摘洗干净，切丝。
2. 锅中倒入水，烧沸，加入盐、粉丝、豆皮丝、胡萝卜丝、紫甘蓝丝焯烫至熟后，捞出。
3. 将烫过的豆皮丝、胡萝卜丝、紫甘蓝丝与黄瓜丝、粉丝拌匀即可。

凉拌茄子

材料 茄子350克，香菜15克

调料 红椒、蒜各10克，酱油、醋各3克，糖6克，辣椒油5克

做法

1. 茄子去蒂后洗净，切成长段泡入水中；蒜洗净，剁成末；红椒去蒂、去籽洗净，剁碎；香菜洗净，切碎。
2. 将蒜末、红椒粒装碗，加入酱油、醋、糖、辣椒油制成味汁。
3. 将茄子放入蒸锅中蒸熟后取出，排入盘中，淋上味汁拌匀，撒上香菜即可。

蒜香茄泥

材料 茄子400克

调料 红椒、葱各10克，蒜20克，盐3克，鸡精1克，酱油、醋各适量

做法

1. 茄子洗净，去皮切块；红椒洗净切丁；葱、蒜分别洗净切末。
2. 将茄子装盘，放入蒸锅隔水蒸10分钟，至熟后取出捣成泥。
3. 将所有调味料一起搅匀，淋在茄泥中，再拌匀即可。

草莓酱山药

材料 山药300克

调料 草莓酱适量

做法

1 将山药洗净，去皮，切成薄片。

2 烧开水，放入山药焯烫至熟，捞起，放入盘中。

3 倒入草莓酱，拌匀即可食用。

大厨献招 山药不用焯烫太久，以免太软，影响口感。

专家点评 排毒瘦身

什锦拌菜

材料 山药、西芹、胡萝卜各80克，腐竹50克，水发木耳100克，水煮花生仁10克

调料 盐3克，醋1克，香油适量

做法

1 山药、胡萝卜分别洗净，去皮切片；西芹洗净切段；腐竹切段；水发木耳洗净，撕成小块。

2 山药、胡萝卜、西芹、木耳和腐竹下入沸水中烫熟，捞出沥干。

3 将所有原料放凉后倒入盘中，加盐和醋、香油拌匀即可食用。

上元大拌菜

材料 水萝卜、黄椒、红椒、紫甘蓝各50克，生菜200克，黄瓜、圣女果各100克，炒花生仁30克

调料 盐2克，白醋、糖各3克

做法

1 水萝卜、黄椒、红椒、紫甘蓝分别洗净切片；生菜、圣女果分别洗净；黄瓜洗净切块。

2 除了花生仁之外，所有原料用沸水焯烫片刻后捞出沥干。

3 加花生仁一起放入盆中，倒入盐、白醋和糖充分搅拌均匀即可。

爽口莴笋丝

材料 莴笋300克，熟白芝麻20克，香菜60克

调料 盐3克，生抽5克，芝麻油6克，醋3克

做法

1. 莴笋削皮，洗净，切成细丝；香菜洗净，备用。
2. 锅倒水烧沸，放入莴笋丝焯烫30秒左右，捞出后过冷水沥干，装盘。
3. 加盐、生抽、芝麻油、醋、熟白芝麻、香菜拌匀即可。

专家点评 养心润肺

家乡凉菜

材料 粉丝、黑木耳各300克，黄瓜、胡萝卜、洋葱各200克，香菜末100克

调料 红椒50克，辣椒油、醋各、盐、鸡精各适量

做法

1. 粉丝泡水，洗净；黑木耳泡发，洗净，焯水沥干；黄瓜、胡萝卜、洋葱洗净，切丝，焯水沥干；红椒洗净切条。
2. 锅中倒水，粉丝煮熟。
3. 将粉丝、黑木耳、黄瓜、胡萝卜、洋葱、香菜、红椒拌匀，再加入辣椒油、醋、盐拌至入味即可。

姜汁时蔬

材料 菠菜180克，姜60克

调料 盐、味精各4克，香油、生抽各10克

做法

1. 菠菜择净，洗净，切成小段，放入开水中烫熟，沥干水分，装盘。
2. 姜去皮，洗净，一半切碎，一半捣汁，一起倒在菠菜上。
3. 将盐、味精、香油、生抽调匀，淋在菠菜上即可。

专家点评 增强免疫

菠菜花生米

材料 菠菜200克，红豆、杏仁、玉米粒、豌豆、核桃仁、枸杞、花生米各50克

调料 盐2克，味精1克，醋8克，生抽10克，香油15克

做法

1. 菠菜洗净，用沸水焯熟；红豆、杏仁、玉米粒、豌豆、枸杞、花生米洗净后，用沸水焯熟后待用；核桃仁洗净。
2. 将焯熟后的菠菜放入盘中，再加入红豆、杏仁、玉米粒、豌豆、枸杞、花生米、核桃仁。
3. 盘中加入盐、味精、醋、生抽、香油，拌匀即可。

青豆拌小白菜

材料 小白菜200克，青豆100克

调料 盐3克，味精1克，醋6克，黄、红甜椒各适量

做法

1. 小白菜洗净，撕成片；青豆洗净；黄、红椒洗净，切片，用沸水焯熟备用。
2. 锅内注水烧沸，分别放入青豆与小白菜焯熟后，捞起装入盘中。
3. 加入盐、味精、醋拌匀，撒上黄、红椒片即可。

凉拌藜蒿

材料 藜蒿300克，红椒少许

调料 盐3克，味精1克，醋8克，生抽10克

做法

1. 藜蒿洗净，切长段；红椒洗净，切丝。
2. 锅内注水烧沸，放入藜蒿、红椒焯熟后，捞起晾干并装入盘中。
3. 加入盐、味精、醋、生抽拌匀即可。

大厨献招 藜蒿不宜久煮，否则会影响口感。

专家点评 养心润肺

辣拌蕨菜

材料 蕨菜400克，辣椒少许

调料 盐3克，味精1克，醋6克，生抽10克

做法

1 蕨菜洗净，切长段；辣椒洗净，切圈。

2 锅内注水烧沸，放入蕨菜段焯熟后，捞起沥干并装入盘中。

3 加入盐、味精、醋、生抽拌匀，撒上辣椒圈即可。

大厨献招 加点红油拌匀，会让菜更美味。

专家点评 开胃消食

布衣茴香豆

材料 花生米200克

调料 盐2克，陈醋、料酒、茴香各适量，红椒15克

做法

1 将花生米、茴香洗净；红椒洗净，切段。

2 锅中倒油，放入花生米炒熟，捞起放凉。

3 将陈醋、料酒倒入碗中，放入花生米、茴香、红椒、盐，浸泡15分钟即可食用。

大厨献招 花生米不要炒得太焦。

专家点评 养心润肺

凉拌海草

材料 海草350克，红椒20克

调料 盐5克，香油5克，白醋适量

做法

1 将海草择去杂质，洗净泥沙；红椒洗净，切成细丝。

2 锅中加水烧沸，下入海草、红椒焯烫至熟后，捞出盛盘。

3 盐、香油、白醋调成味汁，浇淋在盘中，

大厨献招 海草烹调前要择去杂质，洗净泥沙。

专家点评 降脂降压

酸辣猪皮

材料 猪皮350克

调料 香菜末20克，红椒、葱、青椒、醋、酱油、蚝油各5克，辣椒油、细砂糖各6克

做法

1. 猪皮洗净，切成丝；青椒、红椒洗净，切丝；葱洗净，切丝。
2. 锅中倒入水、猪皮丝，汆烫至熟后捞出。
3. 将醋、蚝油、酱油、辣椒油、细砂糖、热开水调成酸辣椒汁，淋在猪皮上，撒上葱丝、青红椒丝、香菜末一起拌匀即可。

泡椒翡翠猪尾

材料 猪尾300克，蚕豆200克

调料 泡姜、盐各3克，泡椒5克，白醋4克，泡椒水适量

做法

1. 猪尾洗净切段；蚕豆去衣洗净；分别放入沸水中煮熟后捞出沥干。
2. 泡姜切片；泡椒切段。
3. 将猪尾、蚕豆加入所有调料一起浸泡、拌匀即可食用。

专家点评 养心润肺

富贵猪腰片

材料 猪腰300克，熟花生100克

调料 盐、料酒各3克，酱油6克，醋、红椒、香油、红油各5克

做法

1. 猪腰洗净沥干，切成片，加盐和料酒腌渍入味；红椒洗净切丝；熟花生擀碎。
2. 锅中加水烧开，下入猪腰片汆水至熟后，捞出摆盘。
3. 再撒上花生碎、红椒丝，淋上醋、酱油、红油、香油一起拌匀即可。

专家点评 补脾健胃

拌金针菇

材料 金针菇100克，黄瓜65克，黄花菜50克

调料 葱15克，生抽、醋各6克，香油5克，糖、辣椒油各10克

做法

1 金针菇、黄花菜洗净焯水后沥干盛盘，黄瓜洗净切丝；葱洗净切段。

2 将切好的黄瓜丝装入盛有金针菇的盘中。

3 再加入生抽、醋、糖拌匀，淋上辣椒油、香油一起拌至入味即可。

专家点评 提神健脑

金针菇拌海藻

材料 金针菇150克，干黄花菜、海藻、黄瓜各100克

调料 盐3克，醋、芝麻油各适量，红椒15克

做法

1 将干黄花菜洗净，浸泡至软；金针菇、海藻洗净；黄瓜、红椒洗净，切丝。

2 锅中烧热水，放入所有原料焯烫至熟，捞起，放入盘中。

3 调入芝麻油、盐、醋，放入红椒丝，拌匀，即可食用。

醋泡黑木耳

材料 黑木耳300克

调料 盐3克，味精1克，醋50克，红尖椒6克

做法

1 黑木耳洗净泡发，入开水中烫熟捞出沥干；红尖椒洗净切碎。

2 将盐、味精、醋、红尖椒调成味汁。

3 将调好的味汁淋在黑木耳上拌匀，浸泡半小时即可。

大厨献招 最好选用老陈醋，会更香。

专家点评 排毒瘦身

萝卜干花生米

材料 萝卜干150克，花生米100克，熟白芝麻5克

调料 盐3克，葱、香油各5克

做法

1. 萝卜干泡发，洗净，再切碎，下入沸水锅中煮熟后捞出。
2. 花生米洗净，下入油锅炸至酥脆，捞出沥油；葱洗净，切碎。
3. 将萝卜干、花生米与葱花、盐、香油一起拌匀即可。

花生仁炝芹菜

材料 花生、西芹各350克

调料 花椒、干椒、香油各5克，大料、盐各3克，糖6克，鸡精1克

做法

1. 花生洗净；西芹洗净切斜段。
2. 锅中加水，放入大料、花椒、盐、花生煮5分钟捞出，花生去皮，与芹菜段拌匀，加入盐、糖、香油、鸡精拌匀。
3. 锅中倒油烧热，放入花椒、干椒炸香，淋在花生芹菜上，拌匀即可。

五彩凉皮

材料 凉皮300克，黄瓜100克，胡萝卜、紫甘蓝、火腿肠各60克

调料 番茄酱20克，盐5克，醋6克

做法

1. 凉皮入沸水中烫熟，捞出沥干。
2. 黄瓜、紫甘蓝、胡萝卜分别洗净切丝；火腿肠切丝。
3. 将所有原料放入盘中，倒入番茄酱、盐、醋拌匀即可食用。

大厨献招 可按照个人口味调整调味料。

专家点评 排毒瘦身

豆皮拌黄瓜

材料 豆皮100克，黄瓜80克

调料 葱5克，辣椒油10克，盐3克，糖5克，醋6克，味精1克

做法

1. 豆皮洗净，焯水后切丝装盘；黄瓜洗净，也切成细丝；葱洗净切段。
2. 将豆皮丝与黄瓜丝一起装盘，淋入辣椒油拌匀。
3. 再加入葱段、盐、味精、糖、醋一起拌至入味即可。

秘制嫩腰片

材料 猪腰400克，黄瓜100克，圣女果50克

调料 盐2克，酱油5克，醋4克，熟白芝麻2克

做法

1. 猪腰洗净切片，切成麦穗花刀；黄瓜洗净切片；圣女果洗净对半切开。
2. 猪腰入沸水中烫熟，捞出放凉，倒入盐、酱油、醋和白芝麻拌匀。
3. 将黄瓜片和圣女果沿着盘子摆放一圈装饰好，中间倒入腰花即可。

专家点评 补脾健胃

炝拌腰片

材料 猪腰400克，黄瓜80克

调料 盐4克，味精2克，胡椒粉、酱油、熟芝麻、葱花、料酒、干辣椒段各适量

做法

1. 猪腰洗净，剖开，除去腰臊，再切成片；黄瓜洗净，切成片。
2. 将猪腰用料酒腌渍片刻，倒入开水锅中汆熟，捞出装盘。
3. 油锅烧热，下入干辣椒段，加入所有调味料，淋在腰片上拌匀，装盘；黄瓜围边，撒上葱花和熟芝麻即可。

金针菇猪肚

材料 金针菇、干黄花菜、芹菜梗各100克，猪肚200克

调料 盐3克，醋、芝麻油各适量

做法

1. 将金针菇洗净；干黄花菜洗净，浸泡片刻；猪肚洗净，切丝；芹菜梗洗净，切段。
2. 锅中烧热水，放入所有原料，焯烫至熟，捞起，放入盘中。
3. 最后调入盐、醋、芝麻油，拌匀即可。

专家点评 补脾健胃

风味麻辣牛肉

材料 熟牛肉250克，红辣椒30克，香菜20克，熟芝麻10克

调料 香油15克，辣椒油10克，酱油30克，味精1克，花椒粉2克，葱15克

做法

1. 熟牛肉切片；香菜、葱洗净，切段；红辣椒洗净切粒。
2. 将味精、酱油、辣椒油、花椒粉、香油调匀，成为调味汁。
3. 牛肉摆盘，浇调味汁，撒熟芝麻、辣椒粒、香菜、葱段，吃时拌匀即可。

特色手撕牛肉

材料 牛肉500克，香菜30克，青椒、红椒各30克

调料 香油10克，红油10克，盐3克，味精3克

做法

1. 牛肉洗净，放开水中汆熟，捞起沥干水，凉凉后用手撕成细丝。
2. 香菜洗净切碎，青椒、红椒分别洗净切丝。
3. 把调味料拌匀，再放牛肉丝、香菜、椒丝一起拌匀，装盘即可。

专家点评 开胃消食

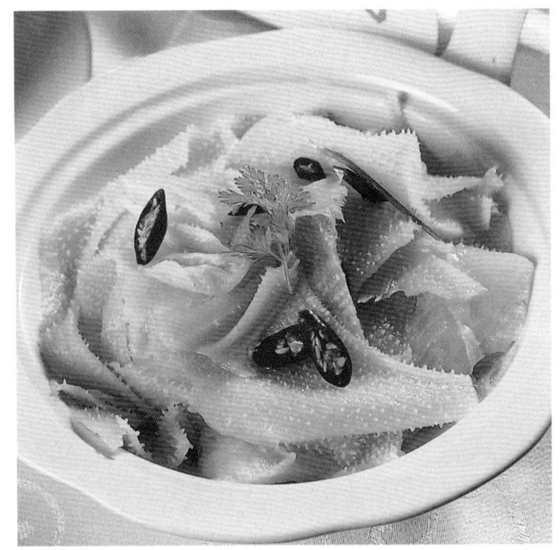

红油牛百叶

材料 牛百叶250克，红椒少许

调料 红油、生抽、香油各10克，盐、味精各3克

做法

1. 牛百叶治净，入开水中烫熟，切成片，装盘；红椒洗净，切片。
2. 盐、生抽、醋、味精、香油调成味汁。
3. 将味汁淋在牛百叶上，拌匀，撒上红椒，食用时按个人口味淋入红油拌匀即可。

专家点评 开胃消食

蒿子秆拌牛肉

材料 蒿子秆200克，牛肉250克，白熟芝麻30克

调料 盐3克，红椒20克，干椒15克，香油适量

做法

1. 将蒿子秆洗净；牛肉洗净，切块；红椒洗净，去籽切块；干椒洗净。
2. 锅烧热加适量清水，放入蒿子秆、牛肉，焯烫至熟，捞起，放入盘中。
3. 调入适量香油、盐，放入红椒、干椒，撒上白熟芝麻，拌匀即可。

蒜味牛蹄筋

材料 牛蹄筋500克，蒜蓉15克，熟芝麻8克

调料 盐4克，葱花10克，酱油、香油各15克

做法

1. 牛蹄筋洗净，入开水锅煮透回软成透明状时，捞出，切片。
2. 将牛蹄筋加入盐、酱油、香油搅拌均匀。
3. 将熟芝麻、葱花、蒜蓉撒在牛蹄筋上即可。

大厨献招 牛筋回软成透明状即可捞出，煮得太软口感不佳。

专家点评 增强免疫

凉拌牛肚

材料 牛肚450克，香菜段100克

调料 青椒块、红椒块各20克，冰糖6克，辣椒油、酱油、香油各5克，料酒、盐各3克

做法

1. 牛肚洗净，汆水后沥干，切成块。
2. 锅中倒水烧热，加料酒、冰糖、牛肚，卤煮2小时，再浸泡3小时，捞出盛盘。
3. 盘中放入青红椒块、香菜段，再倒入辣椒油、酱油、盐、香油拌匀即可。

专家点评 开胃消食

家乡辣牛肚

材料 牛肚、牛肉、猪舌、去皮熟花生、熟白芝麻各适量

调料 辣椒粉、八角、桂皮、花椒、蒜、姜、香菜各适量

做法

1. 牛肚、牛肉、猪舌分别洗净，入锅煮熟后切成薄片；蒜、姜洗净切小块；香菜洗净，切段。
2. 锅中倒油烧热，倒入桂皮、八角、花椒、蒜、姜爆香后捞出香料，将油倒入辣椒粉中，再倒入牛肚、牛肉、猪舌拌至入味后装盘。
3. 放入花生粒，撒上熟白芝麻、香菜即可。

专家点评 开胃消食

麻辣羊头肉

材料 卤好的羊头肉400克，熟芝麻10克

调料 香菜10克，红油、麻辣酱各8克，盐3克

做法

1. 羊头肉洗净切片；香菜洗净切段。
2. 羊头肉装盘，撒上芝麻和香菜，加入所有调味料一起拌匀即可。

大厨献招 羊头肉切薄些，有利于炒入味。

适合人群 一般人都可食用，尤其适合男性。

专家点评 增强免疫

水晶羊头肉

材料 羊头肉、红腰豆、豌豆、胡萝卜丁、白果各适量

调料 胡椒粉、盐各3克，姜末10克，料酒、酱油、醋、芝麻油各5克，橘皮10克

做法

1. 羊头肉洗净，切片，开水汆烫后捞出。
2. 锅中加水、羊头肉、红腰豆、豌豆、白果、胡萝卜丁、橘皮烧开，加入料酒、盐煮熟。
3. 将姜末、酱油、醋、胡椒粉、盐、芝麻油、水调成味汁。
4. 做完放入冰箱冻好取出，蘸味汁食用即可。

葱蒜拌羊肚

材料 羊肚300克，葱、蒜各适量

调料 盐2克，醋8克，味精1克，红油少许

做法

1. 羊肚洗净，切成丝；葱、蒜洗净，切成丝备用。
2. 锅内注水，烧开后，将羊肚丝放入开水中汆一下，捞出晾干装盘。
3. 加入盐、醋、味精、红油、葱、蒜后，搅拌均匀即可。

专家点评 保肝护肾

干拌羊杂

材料 羊肉、羊肚、羊心各200克，香菜20克

调料 盐3克，醋5克，酱油3克，葱3克，姜5克，花椒5克，八角3克

做法

1. 羊肚、羊肉、羊心洗净，汆水后捞出；香菜洗净切段；葱、姜洗净切碎。
2. 锅加水烧热，放入羊肚、羊肉、羊心、葱、姜、花椒、八角、盐，煮至羊杂软烂捞出切片。
3. 羊杂装盘，加入盐，醋、酱油拌匀，撒上香菜即可。

专家点评 开胃消食

手撕兔肉

材料 兔肉700克，红椒适量

调料 盐5克，葱、姜、八角、桂皮、料酒、红油、熟芝麻各适量

做法

1 兔肉洗净，入水汆烫；红椒洗净切圈；香葱洗净切段。

2 兔肉入高压锅，加盐、姜、八角、桂皮、料酒、清水，上火压至软烂，取肉撕成丝，加葱段、红油、熟芝麻，搅拌均匀即可。

专家点评 强身健体

蒜香狗肉

材料 狗肉、生菜叶各适量

调料 蒜、红椒、酱油、香油各适量

做法

1 狗肉洗净，切成丝，用沸水汆熟，捞起沥干水，下油锅中滑熟，淋上酱油，盛出待用。

2 蒜去皮拍破，红椒洗净切丝，生菜洗净，一起与狗肉摆盘放好。

3 将香油淋于菜上即可。

专家点评 增强免疫

罗汉笋红汤鸡

材料 罗汉笋、鸡各适量

调料 盐、味精、葱段、姜块、料酒、红油、鸡汤、胡椒粉、葱花、熟芝麻各适量

做法

1 罗汉笋洗净，入水中煮熟，捞出；鸡治净，下入清水锅中，加葱段、姜块、料酒、盐煮好，捞出切条，放在罗汉笋上。

2 用鸡汤、红油、味精、胡椒粉调成汁淋在鸡块上，撒上葱花和熟芝麻即可。

专家点评 提神健脑

鸡丝凉皮

材料 熟鸡脯肉、凉皮、黄瓜、芝麻各适量

调料 精盐、味精、香油、红油各适量

做法

1. 凉皮放进沸水中焯熟，捞起控干水，装盘凉凉；黄瓜洗净切成丝；将鸡脯肉撕成细丝，与黄瓜丝、凉皮一起装盘。
2. 将香油、红油、芝麻、盐、味精调匀，浇在凉皮上即可。

大厨献招 加入黄瓜丝，吃起来更爽口。

专家点评 开胃消食

鸭肠凉粉

材料 鸭肠200克，凉粉300克，熟白芝麻20克

调料 葱20克，辣椒油2克，醋、盐各3克，白糖6克

做法

1. 鸭肠洗净，切段，汆烫后捞出沥干水分；凉粉洗净，切成条；葱洗净，切碎。
2. 将醋、辣椒油、盐、白糖搅拌均匀成味汁。
3. 鸭肠、凉粉装盘，倒入味汁、芝麻拌匀，撒上葱花即可。

专家点评 开胃消食

花生拌鱼皮

材料 花生仁、鱼皮各300克，香菜50克

调料 花椒油、盐各3克，香油、醋各5克

做法

1. 花生仁洗净沥干；鱼皮洗净，汆水后切成细条；香菜洗净焯水切段。
2. 锅中倒油烧热，倒入花生仁炒至脆，加盐调味装盘。
3. 花椒油、香油、盐、醋调成汁，倒入鱼皮、香菜拌匀，放入花生即可。

专家点评 开胃消食

风味拌鱼皮

材料 鱼皮300克

调料 白醋5克，盐3克，辣椒油2克，葱、红椒、香菜各适量

做法

1. 鱼皮洗净泡软，切成条；葱、红椒分别洗净切丝；香菜洗净切碎。
2. 鱼皮下入沸水中汆烫至熟，捞出沥干盛盘。
3. 加入白醋、盐和辣椒油拌匀，撒上葱丝、红椒丝、香菜碎即可。

专家点评 养颜护肤

凉拌鱼皮

材料 鱼皮350克，黄瓜、胡萝卜各100克

调料 花椒油、醋、盐各3克，鸡精1克，香油、生抽各5克

做法

1. 鱼皮洗净，切成条；黄瓜、胡萝卜洗净，斜切成薄片。
2. 锅中倒入水烧沸，放入鱼皮大火汆40秒，取出后立即用凉水冲凉。
3. 将醋、盐、鸡精、花椒油、香油、生抽调匀成汁，和鱼皮、黄瓜片、胡萝卜片拌匀即可。

鲮鱼空心菜

材料 豆豉鲮鱼罐头200克，空心菜300克

调料 盐3克

做法

1. 打开豆豉鲮鱼罐头，取出鲮鱼，切成段；空心菜洗净，摘去叶子，取梗切成长段。
2. 锅中倒水烧沸，加入油、盐煮开，放入空心菜焯烫至熟，捞出沥干水分。
3. 空心菜整齐摆入盘内，放上鲮鱼，食用时拌匀即可。

专家点评 排毒瘦身

鱼皮萝卜丝

材料 鱼皮、心里美萝卜各300克

调料 青椒100克，香油、芥末油各5克，料酒3克，胡椒粉2克，盐3克，味精1克

做法

1. 鱼皮洗净，切丝，用温水泡开；心里美萝卜洗净，切丝；青椒洗净，切丝，入开水焯烫后捞出。
2. 将鱼皮丝、心里美萝卜丝、青椒丝装盘。
3. 加入香油、芥末油、料酒、胡椒粉、盐、味精拌匀即可。

白菜丝拌鱼干

材料 鱼干200克，白菜300克，胡萝卜50克

调料 盐、酱油各3克，醋少许

做法

1. 白菜洗净切成丝；胡萝卜洗净去皮，切成丝。
2. 鱼干切成丝，抹上盐，放入蒸锅中大火蒸熟。
3. 白菜丝和胡萝卜丝装入盘中，放上蒸熟的鱼干，再加入所有调味料一起拌匀即可。

大厨献招 醋最好用白醋。

炝拌鱼干

材料 鱼干300克

调料 干辣椒3克，辣椒油5克

做法

1. 鱼干润透，洗净；干辣椒洗净切段。
2. 将鱼干入锅蒸至软后，取出切成小块，装盘。
3. 将干辣椒入油锅中炝香后，淋在鱼干上，再加辣椒油一起拌匀即可。

大厨献招 鱼干本身已有咸味，因此不必放盐。

专家点评 提神健脑

蟹子沙拉

材料 蟹子80克，蟹柳200克，黄瓜、苹果各100克

调料 沙拉酱适量

做法

1. 蟹柳洗净，切条；黄瓜、苹果洗净，切丝；蟹子用凉开水冲洗净。
2. 蟹柳入沸水锅中煮熟，捞出，沥干水分，与苹果、黄瓜、蟹子加沙拉酱拌匀即可。

适合人群 儿童

专家点评 提神健脑

鲜虾芦笋沙拉

材料 鲜九节虾3只，芦笋2条，西红柿半个，青瓜半条，生菜20克，黑水榄15克

调料 橄榄油15克，盐4克，胡椒粉2克，白葡萄酒5克

做法

1. 西红柿洗净切块，青瓜取肉，虾去壳取肉，芦笋、生菜洗净切丝，黑水榄切成条。
2. 锅中水烧开，分别放入虾和芦笋烫熟，捞出用盐、橄榄油、胡椒粉、白葡萄酒腌制5分钟。
3. 将生菜、西红柿、青瓜、黑水榄摆入杯中，倒入虾和芦笋。

鲜虾沙拉

材料 冻明虾150克，生菜50克，红波椒、洋葱、西芹各适量

调料 白兰地、盐、油醋汁各适量

做法

1 将明虾解冻，烧沸水后放入明虾焯熟，再放入冰水中浸冻后捞起，去壳、留头尾，加入白兰地、盐略腌。

3 将所有蔬菜洗净，切好。

3 生菜铺在碟底，上面放红波椒、洋葱、西芹，旁边放已腌好的明虾，伴油醋汁进食。

龙虾沙拉

材料 龙虾1只，熟茨仔30克，熟龙虾肉50克，熟土豆1个

调料 白沙拉汁20克，橄榄油15克，柠檬汁8克

做法

1. 熟土豆切丁，熟龙虾去壳取肉切丁，茨仔切小丁。
2. 将茨仔、土豆、橄榄油、柠檬汁拌匀，备用。
3. 龙虾取头尾，摆盘上下各一边，中间放入调好的沙拉，面上摆龙虾肉，再用白沙拉汁拉网即可。

适合人群 女性

烧肉沙拉

材料 酱汁、沙拉酱适量，葱丝10克，熟芝麻5克

调料 酱汁、沙拉酱、葱丝、熟芝麻各适量

做法

1. 白菜洗净，撕碎，放入盘中；五花肉洗净，入沸水锅中汆熟后，凉凉切片，围在白菜旁。
2. 放上葱丝，淋入酱汁，撒上熟芝麻，配沙拉酱食用即可。

适合人群 尤其适合男性。

蚧子水果沙拉

材料 蚧子30克，什鲜果400克

调料 沙拉酱20克

做法

1. 什鲜果洗净，摆放于盘底。
2. 将蚧子放在什鲜果上面。
3. 调入沙拉酱即可。

适合人群 女性

专家点评 养心润肺

蚧柳青瓜沙拉

材料 青瓜300克，蚧柳10克，生菜2片，西红柿1个

调料 盐、胡椒粉、沙拉酱各适量

做法

1. 青瓜洗净去皮，去籽，切丝，沥干水。
2. 生菜用凉开水洗净放于碟上，蚧柳切丝。
3. 在青瓜丝中放入调味料，拌匀盛起，上面放蚧柳丝、西红柿，装碟。

适合人群 女性

专家点评 排毒瘦身

吞拿鱼沙拉

材料 吞拿鱼50克，熟茨仔30克，土豆1个

调料 白沙拉酱50克

做法

1. 先将土豆煮熟，去皮切大块；熟茨仔去皮，切粒。
2. 将土豆、茨仔放入碗中，加入沙拉酱拌匀。
3. 将吞拿鱼铺在上面即可食用。

适合人群 男性

专家点评 保肝护肾

吞拿鱼鲜果沙拉

材料 吞拿鱼50克，什鲜果400克

调料 沙拉酱适量

做法

1. 将什鲜果洗净，去皮切成方形，吞拿鱼洗净备用。
2. 切好的什鲜果调入沙拉酱拌匀，装碟。
3. 在鲜果上摆上吞拿鱼即可。

适合人群 女性

专家点评 养心润肺

吞拿鱼豆角沙拉

材料 吞拿鱼100克，青豆角150克，洋葱50克，红椒20克，西兰花80克，西红柿少许

调料 沙拉油、洋醋、黑椒碎、胡椒粉各适量

做法

1. 将青豆角切段、焯水、沥起备用；洋葱切丝；红椒切圈备用；吞拿鱼切碎炒香。
2. 将各种原材料放入碗中，加入调味料。
3. 将所有材料拌匀即可。

适合人群 一般人均可食用，尤其适宜男性。

专家点评 开胃消食

木瓜虾沙拉

材料 泰国木瓜1个，鲜九节虾50克

调料 白沙拉汁30克，橄榄油5克，白酒2克，盐2克，沙拉酱适量

做法

1. 木瓜开边去籽，挖出瓜肉，壳留用，瓜肉切成丁、用沙拉汁调好。
2. 鲜九节虾去壳，用沸水煮熟，加入橄榄油、白酒、盐调匀。
3. 将已调好的木瓜肉填回木瓜壳中，面上铺上虾仁，再用沙拉酱拉网状即可。

海鲜意大利粉沙拉

材料 鲜鱿100克，蟹柳30克，石斑100克，意大利粉200克，带子、九节虾、红波椒、鲜蘑菇各适量

调料 沙拉酱适量、橄榄油15克

做法

1. 蘑菇洗净切薄片，红波椒切丝，海鲜入烧开的水中稍烫后用沙拉酱拌匀。
2. 锅中水烧开，放入意大利粉煮熟，捞出沥干水分。
3. 油烧热，放入意大利粉、海鲜、蘑菇片、红波椒炒匀至熟，装盘即可。

烟三文鱼沙拉

材料 烟三文鱼150克，柠檬1个，洋葱1个，沙拉生菜60克，水瓜柳10克，蛋片2片

做法

1. 沙拉生菜洗净后，切成块状；将已烤过的蛋片对切成两瓣，排盘，烟三文鱼摆在大盘中。
2. 洋葱洗净，切成圆圈片，排在鱼片上，撒上水瓜柳。
3. 柠檬洗净切成半圆片，和沙拉生菜一起放在三文鱼旁，另将三文鱼卷成筒形一起放在沙拉生菜中，上桌即可。

银鳕鱼露笋沙拉

材料 冻银鳕鱼150克，露笋100克，生菜2片，洋葱20克，西芹、青椒、红椒各20克，面粉10克

调料 油醋汁、盐、白酒、生抽各适量

做法

1. 冻银鳕鱼解冻洗净后，用白酒、盐腌1分钟；露笋洗净切段，焯水；生菜洗净摆盘。
2. 洋葱、西芹和青、红椒洗净切条，放于生菜上面，淋上油醋汁。
3. 油锅烧热，放入银鳕鱼煎至金黄色，取出摆于碟中，将露笋摆于银鳕鱼旁即可。

泰式海鲜沙拉

材料 粉丝100克，虾仁3粒，鱿鱼20克，青口2个，鱼柳15克，洋葱1/3个，芹菜50克

调料 鸡精3克，泰国辣酱10克，酸辣汁10克，鱼露3克

做法

1. 用60℃的热水泡粉丝，5分钟后捞起沥水；将海鲜洗净焯水，捞起用凉开水冲冷。
2. 洋葱洗净切丝，芹菜切段，将以上材料倒入盘中。
3. 加上调味料拌匀即可。

吉列石斑沙拉

材料 石斑肉1块（约150克），鸡蛋1个，茨仔2只

调料 沙拉汁50克，白酒少许，面粉、面包粉、盐、胡椒粉适量

做法

1. 石斑肉切四方块，加入白酒、盐及胡椒粉腌2~3分钟。
2. 茨仔洗净、去皮，切1寸四方粒，用煲煲开水，放入茨仔，熟后盛起，冷冻后加入沙拉拌成茨仔沙拉。
3. 石斑肉扑上面粉、蛋汁及面包粉，放入热油中炸至金黄色，上碟，旁边伴茨仔沙拉即可。

带子芦笋沙拉

材料 带子60克，芦笋20克，生菜1片，洋葱条5克，西芹条5克，红波椒条5克

调料 胡椒粉、盐各少许，油醋汁30克

做法

1. 将带子煎熟；芦笋切段，焯水，捞起，放入盐和胡椒粉拌匀。
2. 将洋葱、西芹、红波椒洗净，沥干水。
3. 将生菜置于碟中，铺上洋葱、西芹、红波椒，淋上油醋汁，将带子和芦笋置碟上摆好即可。

适合人群 男性

水果沙拉

材料 菠萝1个，芒果2个，苹果2个，柠檬1个，橙子1个

调料 沙拉酱100克

做法

1. 先将菠萝开个口，取肉；将橙子、芒果切成丁。
2. 将苹果先削去皮后，再切成丁；柠檬切片。
3. 将沙拉酱和原材料搅拌均匀，倒在菠萝肚内即可。

专家点评 养心润肺

夏威夷木瓜沙拉

材料 夏威夷木瓜1/3只，蟹柳1条

调料 千岛酱适量

做法

1. 夏威夷木瓜去籽，洗净，用刀刻成十字花。
2. 将蟹柳撕成条形，摆放在木瓜上面。
3. 调入千岛酱拌匀即可。

适合人群 在千岛酱中滴几滴柠檬汁可以减少甜度，增加清新的口感。

适合人群 女性

专家点评 补血养颜

蔬菜沙拉

材料 青、红、黄圆椒各50克，青瓜50克，西红柿50克，圣女果50克，熟鸡蛋1片，粟米粒25克，腰豆10克，西生菜100克

调料 沙拉酱20克

做法

1. 将西生菜洗净切碎摆入盘底。
2. 将所有蔬菜洗净切片摆在西生菜上。
3. 调入沙拉酱即可。

适合人群 老年人

专家点评 降低血脂

厨师沙拉

材料 芝士片1片，熟火腿、熟鸡肉、熟牛肉、生菜各50克

调料 千岛汁50克

做法

1. 将芝士片、火腿、鸡肉、牛肉洗净切成长条。
2. 生菜洗净切丝，垫入盘底，依次将牛肉条、芝士片、鸡肉条、火腿条放入。
3. 调入千岛汁即可食用。

适合人群 女性

专家点评 增强免疫

葡国沙拉

材料 青、红、黄圆椒各50克，洋葱30克，鸡心茄30克，海草2片，脆皮肠1条

调料 千岛酱适量

做法

1. 将各原材料洗净，改切成圆形。
2. 切好的原材料分层次摆放于碟中。
3. 调入千岛酱拌匀即可。

适合人群 女性

专家点评 开胃消食

加州沙拉

材料 红边生菜20克，九芽生菜20克，卡夫芝士片1片，西瓜50克，芒果半个，红提子50克，奇异果50克，苹果半个

调料 洋醋10克，沙拉油15克，胡椒粉少许，黑椒碎1克，干葱2粒

做法

1. 将芝士片切成方片，其他原材料洗净沥干水。
2. 将所有调味料放在一起拌匀。
3. 将原材料放入盘中，倒入调味料拌匀，上碟即可。

年糕沙拉

材料 水晶年糕200克，马蹄500克

调料 卡芙酱2匙，朱古力针10克

做法

1. 年糕切成丁，过沸水后冷却待用；马蹄过沸水冷却切丁。
2. 将卡芙酱、马蹄丁与年糕丁搅拌在一起。
3. 最后撒上朱古力针即可。

适合人群 女性

专家点评 健脾暖胃

第三篇

家常小炒
——香辣美味炒出来

农家手撕包菜

材料 包菜400克，猪肉20克

调料 干辣椒、酱油各5克，盐2克，酱油3克，陈醋6克

做法

1. 包菜洗净，用手撕成小块；猪肉洗净切片；干辣椒洗净切段。
2. 锅中倒油烧热，下入干辣椒炝香，再下入猪肉和包菜一起翻炒至熟。
3. 最后下陈醋、盐和酱油调好味后即可出锅。

炝炒包菜

材料 包菜300克，干辣椒10克

调料 盐5克，醋6克，味精3克

做法

1. 包菜洗净，切成三角块状；干辣椒剪成小段。
2. 锅中加油烧热，下入干辣椒段炝炒出香味。
3. 下入包菜块，炒熟后，再加入所有调味料炒匀即可。

大厨献招 炝干椒的时候，要用小火。

专家点评 开胃消食

手撕包菜

材料 包菜300克

调料 白糖5克，白醋10克，盐5克，鸡精5克，干辣椒20克

做法

1. 包菜洗净，将菜叶剥下来，用手撕成小片；干辣椒洗净切粒。
2. 炒锅烧热放入油，将干辣椒、包菜放入翻炒，炒至将熟时加入白醋和盐、白糖、鸡精炒匀，即可出锅装盘。

专家点评 养心润肺

炒湘味小油菜

材料 猪肉200克，油菜300克

调料 红椒15克，豆瓣酱20克，盐3克，味精1克

做法

1. 猪肉洗净，剁碎；油菜摘洗干净，切小段；红椒洗净，切碎；豆瓣酱剁碎。
2. 锅中油烧热，倒入红椒炒香，然后加入猪肉炒至出油后，倒入油菜翻炒，加入剁碎的豆瓣酱炒匀。
3. 加入盐、味精，炒至菜梗软熟，出锅即可。

腊八豆炒空心菜梗

材料 腊八豆150克，空心菜梗200克

调料 盐3克，红椒30克

做法

1. 将空心菜梗洗净，切段；红椒洗净，去籽，切条。
2. 锅中水烧热，放入空心菜梗焯烫一下，捞起。
3. 锅中倒油烧热，放入腊八豆、空心菜梗、红椒，调入盐，炒熟即可。

专家点评 开胃消食

木须小白菜

材料 黑木耳50克，小白菜200克，猪肉250克，鸡蛋液50克

调料 料酒、盐各3克，酱油、香油各5克

做法

1. 猪肉洗净，切成片；黑木耳泡发，洗净，撕成片；小白菜择洗净，掰成段。
2. 锅中倒油烧热，加入鸡蛋炒熟后，装盘；另起锅中倒油烧热，放入肉片煸炒变色，加入料酒、酱油、盐，炒匀后，加入木耳、小白菜、鸡蛋同炒。
3. 炒熟后，淋入香油。

茄子炒豆角

材料 茄子、豆角各200克

调料 盐、味精各2克，酱油、香油、辣椒各15克

做法

1. 茄子、辣椒洗净，切段；豆角洗净，撕去荚丝，切段。
2. 锅中倒油烧热，放辣椒段爆香，下入茄子段、豆角段，大火煸炒。
3. 下入盐、味精、酱油、香油调味，翻炒均匀即可。

专家点评 保肝护肾

大蒜茄丝

材料 茄子400克

调料 大蒜、葱各10克，辣椒酱5克，盐2克，白芝麻3克

做法

1. 茄子洗净切条，蒸软备用；大蒜、葱分别洗净切碎；白芝麻洗净沥干。
2. 锅中倒油烧热，下入大蒜炸香，再下茄子炒熟。
3. 加入盐、辣椒酱和白芝麻炒匀至入味，出锅撒上葱花即可。

烧椒麦茄

材料 茄子300克，青椒、红椒各30克，豆苗50克

调料 盐2克，蒜末、酱油、辣椒酱各3克

做法

1. 茄子洗净，在表皮打上花刀切成长条；青椒、红椒分别洗净切丁；豆苗洗净，摆到盘子周围做装饰。
2. 锅中倒油烧热，下入茄子炒熟，加入盐、酱油、辣椒酱炒匀。
3. 茄子出锅倒入豆苗中间，将青椒、红椒和蒜末拌匀，倒在茄子上。

八宝茄子

材料 茄子300克，炒花生米50克，葡萄干、白芝麻各10克，葵瓜子仁、白萝卜、青椒块、红椒块各20克

调料 酱油3克，糖2克，香油少许

做法

1. 茄子洗净，切成滚刀块；白萝卜洗净，去皮切块。
2. 锅中倒油烧热，下入茄子块炒熟后备用；锅中倒油、青椒、红椒、白萝卜块炒熟。
3. 倒入茄子、花生米、葵瓜子和葡萄干、白芝麻翻炒，加酱油、糖翻炒，出锅淋上香油即可。

滑塘小炒

材料 莲藕300克

调料 青椒、红椒各30克，蒜苗、豆豉各20克，姜、盐、葱、糖各3克，味精1克

做法

1. 莲藕去皮洗净切成条状；青椒、红椒洗净切条；蒜苗洗净切段；姜洗净切末。
2. 锅中倒油烧热，下入莲藕炸透，倒出沥油，另起锅中倒油烧热，放入姜炝锅，放入豆豉略炒，莲藕回锅，加入青椒、红椒、蒜苗炒匀。
3. 加盐、糖、味精入味，撒上葱即可。

回锅莲藕

材料 莲藕300克，花生20克

调料 红辣椒5克，葱末、盐各3克

做法

1. 莲藕去皮洗净，切丁；花生洗净沥干；红辣椒洗净切碎。
2. 将藕丁下入沸水中焯水至熟，捞出沥干。
3. 锅中倒油烧热，下入藕丁和花生炒熟，加盐和红辣椒炒入味，最后撒上葱末即可出锅。

适合人群 女性

专家点评 补血养颜

甜豆炒莲藕

材料 莲藕、甜豆、鸡腿菇、滑子菇、腰果、花生、西芹、木耳各适量

调料 盐3克，味精2克

做法

1. 莲藕去皮洗净，切成薄片；木耳泡发，洗净，撕成小朵；鸡腿菇洗净，切成片；甜豆、西芹洗净，切成段；滑子菇洗净。
2. 将腰果、花生分别洗净后，下入油锅中炸至香脆后捞出。
3. 油锅烧热，下入备好的材料一起炒至熟透，加盐、味精调味即可。

干煸豆角

材料 豆角500克，芽菜50克

调料 红尖椒、盐、葱、姜、蒜、酱油、味精各适量

做法

1. 豆角撕去筋，洗净沥干；红尖椒切成段；葱、姜、蒜洗净切碎。
2. 锅中倒油烧热，放入豆角炸至表皮起皱后盛起。
3. 锅中留底油，下葱、姜、蒜、芽菜爆香，再下入豆角一起煸炒。
4. 最后调入酱油、盐、味精炒匀即可。

香锅四季豆

材料 四季豆350克，五花肉200克

调料 红泡椒、葱白各60克，米酒15克，生抽10克，糖6克，盐3克，鸡精1克

做法

1. 四季豆洗净，去筋，折成段；五花肉洗净，切条；葱白洗净，切段；泡红椒洗净。
2. 锅中倒油烧热，放入四季豆炒熟盛起；锅中留油烧热，放入五花肉炒至肉色稍白，加入米酒、四季豆回锅翻炒。
3. 加入红泡椒、生抽、糖、盐、鸡精炒匀入味，撒上葱段即可。

炒白菜头

材料 大白菜500克

调料 干红辣椒25克，醋6克，白糖8克，盐3克，姜末、酱油各10克，料酒、淀粉各5克

做法

1. 白菜洗净，用刀切成大条；干红辣椒洗净切成段。
2. 油烧热，放入干辣椒炸至变色，下入姜末及白菜，快炒后加入醋、酱油、白糖、盐、料酒、味精调味。
3. 煸炒至白菜呈金黄色时，勾芡，出锅装盘即成。

醋熘白菜

材料 大白菜400克，青椒、红椒各10克，干红椒10克

调料 醋35克，盐4克，酱油5克，红油少许

做法

1. 大白菜洗净，斜切片；青椒、红椒洗净切片；干红椒切丝备用。
2. 锅中倒油加热，下大白菜快速翻炒，加入醋和青椒、红椒。
3. 最后加入干红椒、盐、酱油和红油炒匀，装盘即可。

白菜炒竹笋

材料 白菜250克，竹笋100克，水发香菇100克

调料 盐4克，生抽10克，鸡精2克，青辣椒、红辣椒各30克，红油少许

做法

1. 白菜洗净，切块；竹笋洗净，切丝；香菇洗净，切块；青辣椒、红辣椒洗净，去籽，切丝备用。
2. 锅中倒油加热，先后下竹笋、香菇、白菜，迅速翻炒。
3. 加入青辣椒、红辣椒等调味料，炒匀即可。

专家点评 排毒瘦身

黄花菜炒金针菇

材料 金针菇200克，黄花菜100克

调料 盐3克，红椒、青椒30克

做法

1. 将金针菇洗净；黄花菜泡发，洗净；红椒、青椒洗净，去籽，切条。
2. 锅置火上，烧热油，放入红椒、青椒爆香。
3. 再放入金针菇、黄花菜，调入盐，炒熟即可。

大厨献招 黄花菜泡好后，要将带摘去。

专家点评 提神健脑

葱油珍菌

材料 百灵菇300克，葱20克

调料 盐3克，味精1克

做法

1. 百灵菇洗净，切成片后，再入开水中稍焯；葱洗净切段。
2. 炒锅中倒油烧热，放入葱段炒至出油，下入百灵菇翻炒。
3. 调入盐、味精入味，略炒即可。

大厨献招 下百灵菇时一定要快炒，时间不宜过长，否则易炒焦。

香炒百灵菇

材料 百灵菇300克，猪肉150克

调料 青椒、红椒、酱油、盐、味精各适量

做法

1. 百灵菇洗净，切成片，入开水焯烫后捞出；猪肉洗净，切片；青椒、红椒洗净，切成小块。
2. 锅中倒油烧热，放入猪肉、百灵菇片翻炒后，加入青椒、红椒块炒至断生。
3. 待熟后，加入酱油、盐、味精炒至入味，出锅即可。

碧绿牛肝菌

材料 牛肝菌100克，青椒、红椒各50克

调料 盐3克，味精1克

做法

1. 牛肝菌洗净，入水煮15分钟捞出沥干切片；青椒、红椒去籽洗净切块。
2. 炒锅中倒油烧热，放入牛肝菌、青椒、红椒翻炒。
3. 调入盐、味精入味，炒至牛肝菌熟即可。

适合人群 一般人都可食用，尤其适合女性。

专家点评 增强免疫

白果烩三珍

材料 牛肝菌100克，竹荪200克，白果50克，油菜300克，胡萝卜5克

调料 盐3克，鸡精1克，淀粉5克

做法

1. 牛肝菌、竹荪分别泡发，洗净切片；白果洗净；油菜洗净，烫熟摆盘；胡萝卜洗净，去皮切片；淀粉加水拌匀。
2. 锅中倒油烧热，下入牛肝菌、竹荪、白果、胡萝卜炒熟。
3. 下盐和鸡精调味，倒入淀粉水勾芡，出锅倒在油菜中间即可。

咖喱什菜煲

材料 扁豆、竹笋片、草菇、香菇、西兰花各适量

调料 红椒块30克，咖喱膏100克，椰浆50克，糖、盐各3克

做法

1. 扁豆洗净，斜切成段；西兰花洗净，掰成小朵；草菇泡发，洗净；香菇洗净，撕成小块，均焯烫，捞出。
2. 油烧热，倒入扁豆、竹笋、红椒、草菇、香菇、西兰花翻炒，加咖喱膏、椰浆、水炒匀。
3. 加糖、盐调味，炒熟盛出。

香芹炒木耳

材料 香芹300克，黑木耳50克

调料 盐3克，鸡精1克

做法

1. 香芹洗净，切段；黑木耳泡发洗净，撕成小片。
2. 锅中倒油烧热，倒入木耳、香芹翻炒均匀。
3. 待熟后，加入盐、鸡精炒至入味，出锅即可。

大厨献招 炒制时，动作一定要快，以确保菜的鲜嫩。

彩椒木耳山药

材料 红椒、青椒、黄椒50克，山药100克，水发木耳50克

调料 盐3克

做法

1. 将红椒、青椒、黄椒洗净，去籽切块；山药洗净，去皮切片；水发木耳洗净，撕成小朵。
2. 锅中倒油烧热，放入所有原料，翻炒。
3. 最后调入盐，炒熟即可。

专家点评 降压降血糖

韭菜炒黄豆芽

材料 韭菜200克，黄豆芽200克，干辣椒40克

调料 香油适量，盐3克，鸡精1克，蒜蓉20克

做法

1. 将韭菜洗净，切段；黄豆芽洗净，沥干水分；干辣椒洗净，切段。
2. 锅加油烧热，放入干辣椒和蒜蓉炒香，倒入黄豆芽翻炒，再倒入韭菜一起炒至熟。
3. 最后加入香油、盐、鸡精炒匀，装盘即可。

大厨献招 加入粉条，味道会更好。

专家点评 排毒瘦身

生炒小排

材料 排骨400克，熟白芝麻5克

调料 盐2克，酱油3克，干辣椒20克，青辣椒5克

做法

1 排骨洗净剁块，抹上盐和酱油腌至入味；干辣椒洗净切段；青辣椒洗净切碎。

2 锅中倒油加热，下入排骨炸熟，捞出沥油。

3 净锅倒少许油，加入排骨、白芝麻、干辣椒和青辣椒，炒匀入味即可。

糖醋排骨

材料 排骨400克

调料 酱油4克，白糖5克，醋10克，料酒、盐各适量

做法

1 将排骨洗净，剁成块，用开水氽一下，捞出加盐、酱油腌入味。

2 炒锅中倒油烧热，下排骨炸至金黄色，捞出沥油。

3 炒锅留少许油烧热，下酱油、醋、白糖、料酒炒匀，下入排骨炒上色，加入适量清水烧开，用慢火煨至汁浓即可。

橙汁菠萝肉排

材料 排骨300克，菠萝200克

调料 盐、糖、淀粉各3克，橙汁30克

做法

1 菠萝去皮，洗净切块；排骨洗净剁成块，抹上盐腌至入味；淀粉加水拌匀。

2 锅中倒油烧热，下入排骨炸熟后捞出备用。

3 净锅再倒油烧热，倒入糖和橙汁炒至溶化，下入菠萝炒熟，倒入排骨，加淀粉水勾芡即可。

专家点评 增强免疫

脆黄牛柳丝

材料 黄瓜200克，牛里脊肉150克

调料 盐3克，味精1克，红尖椒10克，料酒20克，淀粉6克

做法

1. 黄瓜洗净切成条状；牛里脊肉洗净切成丝，用淀粉、料酒腌渍；红尖椒洗净切碎。
2. 炒锅中倒油烧热，放入红尖椒炒香，下牛肉滑炒，加入黄瓜翻炒至肉变色。
3. 调入盐、味精，略炒即可。

专家点评 益气补虚

翡翠牛肉粒

材料 青豆300克，牛肉100克，白果仁20克

调料 盐3克

做法

1. 青豆、白果仁分别洗净沥干；牛肉洗净切粒。
2. 锅中倒油烧热，下入牛肉炒至变色，盛出。
3. 净锅再倒油烧热，下入青豆和白果仁炒熟，倒入牛肉炒匀，加盐调味即可。

大厨献招 炒白果仁时可加入少许椒盐，风味更佳。

专家点评 益气补虚

豆豉牛肚

材料 牛肚800克，豆豉30克

调料 盐4克，白糖15克，酱油8克，料酒、葱段、姜块、葱白、甜椒、红油各适量

做法

1. 葱白、甜椒洗净切丝。
2. 把牛肚、料酒、葱段、姜块同放至开水中稍煮，捞出切片；油锅烧热，放豆豉加盐、白糖、酱油、红油炒好，淋在牛肚上，撒上葱白和甜椒即可。

专家点评 增强免疫

酸辣黄喉

材料 黄喉350克，酸菜50克

调料 蒜薹、红椒各20克，盐3克，味精4克

做法

1. 黄喉洗净，切成薄片，入开水氽烫后捞出；酸菜切小块；蒜薹洗净，切小段；红椒去蒂洗净，切碎。
2. 锅中倒油烧热，倒入蒜薹、红椒炒香后，再放入黄喉片、酸菜一起翻炒。
3. 加入盐、味精炒至入味后，出锅即可。

专家点评 开胃消食

霸王羊肉

材料 羊肉350克，蒜薹、窝头各100克

调料 红椒8克，干辣椒5克，盐1克，酱油、蒜末各2克

做法

1. 羊肉洗净切成长条状，抹上盐腌至入味；蒜薹洗净切段；红椒、干辣椒分别洗净切段；窝头也切成条状。
2. 锅中倒油烧热，下蒜末爆香，倒入羊肉煎熟，再倒入蒜薹、窝头炒熟。
3. 最后加入红椒、干椒和酱油，炒匀即可出锅。

孜然羊肉薄饼

材料 薄饼150克，羊肉250克，洋葱30克

调料 盐3克，熟白芝麻5克，孜然粉、红椒、青椒各适量

做法

1. 将羊肉、洋葱、红椒、青椒洗净，切丁。
2. 锅中倒入油，放入孜然粉爆香，再倒入羊肉、洋葱、红椒、青椒翻炒。
3. 最后倒入盐，撒上白芝麻，包进薄饼内食用即可。

专家点评 益气补虚

葱爆羊肉

材料 羊肉300克，大葱100克

调料 味精 2克，酱油 20克，盐 2克，料酒、红椒各10克

做法

1 羊肉洗净切成薄片；大葱斜切成片状；红椒洗净，切斜片。

2 炒锅倒油烧至七八成热，放入羊肉片、大葱、红椒快速煸炒。

3 调入料酒、酱油，快炒至肉片变色，加入盐、味精拌炒即可。

迷你粽香羊肉粒

材料 羊肉300克

调料 彩椒、洋葱各20克，糖、盐各2克，酱油3克

做法

1 羊肉洗净切丁；彩椒、洋葱分别洗净切丁。

2 锅中倒油烧热，下入糖炒至溶化，倒入羊肉翻炒上色，加酱油和盐调味。

3 下入洋葱和彩椒，翻炒均匀后出锅即可。

专家点评 增强免疫

炒烤羊肉

材料 羊肉400克

调料 盐2克，淀粉4克，葱末、熟白芝麻、酱油各3克

做法

1 羊肉洗净切成片，抹上盐腌至入味，用烤箱烤熟备用；淀粉加适量水拌匀。

2 油锅加热，下入羊肉，加酱油炒匀。

3 倒入淀粉水勾芡，撒上葱末和白芝麻，略加翻炒即可出锅。

专家点评 增强免疫

小炒黑山羊

材料 黑山羊肉350克

调料 青椒、红椒、葱各20克，辣椒酱15克，料酒5克，淀粉10克，味精1克，盐、生抽各3克，红油5克

做法

1. 黑山羊肉洗净，切成条，加入盐、味精、料酒腌渍；葱洗净，切斜段。
2. 锅中倒油烧热，下入羊肉炒熟后，捞出沥净油；锅留油烧热，放入青椒、红椒、葱段，羊肉回锅，加辣椒酱炒匀。
3. 加入盐、味精、生抽，淋入红油即可。

西北烩羊肉

材料 羊肉300克，土豆、粉皮各100克，酸菜10克

调料 香菜、盐各3克，辣椒酱10克

做法

1. 羊肉洗净切块；土豆洗净，去皮切块；粉皮泡软后洗净，切段；酸菜切碎；香菜洗净。
2. 锅中倒油加热，下入羊肉炒至断生，加入土豆、粉皮、酸菜炒熟。
3. 加水焖煮，加入辣椒酱和盐炒匀，撒上香菜即可出锅。

香辣啤酒羊肉

材料 羊肉350克

调料 干辣椒、葱各20克，啤酒80克，生抽5克，盐3克

做法

1. 羊肉洗净，切小块，入开水汆烫后捞出；葱洗净，切碎；干辣椒洗净，切段。
2. 锅中倒油烧热，放入羊肉炒干水分后，加入干辣椒煸炒。
3. 加入啤酒、生抽、盐煸炒至上色，加入葱花炒匀，起锅即可。

专家点评 增强免疫

川香羊排

材料 羊排650克，烟笋80克，熟芝麻少许

调料 辣椒段、豆瓣酱、八角、桂皮、料酒、酱油、大葱段、盐、味精各适量

做法

1. 羊排洗净，剁成小块，入汤锅，加水、八角、桂皮，煮烂，捞出；烟笋泡发后，切成小条。
2. 油锅烧热，下豆瓣酱、辣椒段、烟笋略炒，再加入羊排，烹入料酒炒香。
3. 加盐、味精、酱油、大葱段炒匀，撒上芝麻，出锅即可。

新派孜然羊肉

材料 羊肉300克

调料 孜然粉20克，青椒、红椒各10克，葱末15克，干辣椒20克，料酒、盐各3克，味精1克

做法

1. 羊肉洗净，切成片，加盐、料酒腌渍；青椒、红椒洗净，切小块。
2. 锅中倒油烧热，放入羊肉炒至八成熟，立即捞出；另起油锅烧热，放入孜然、干辣椒，炒至金黄色，羊肉片回锅。
3. 烹入料酒，快速翻炒后，倒入青椒、红椒炒至断生，撒上葱花即可。

干椒爆仔鸡

材料 净仔鸡400克，洋葱60克

调料 青椒、红椒各20克，干辣椒、花椒各10克，料酒、盐各3克，糖、鸡精适量

做法

1. 净仔鸡洗净切块；洋葱、青椒、红椒洗净切小块。
2. 鸡块用料酒、盐腌渍；锅中倒油烧热，放入干辣椒、花椒炒香，加入鸡块翻炒。
3. 最后倒入洋葱、青椒、红椒，调入糖、鸡精，炒熟至入味即可。

宫爆鸡丁

材料 鸡胸肉300克，炸熟花生100克

调料 豆瓣酱15克，淀粉6克，盐3克，醋、干红辣椒各5克，料酒、糖、酱油各3克

做法

1. 鸡胸肉切丁，加盐、湿淀粉拌匀；干红辣椒洗净切碎。
2. 炒锅中倒油烧热，倒入干红辣椒爆香，放入鸡丁炒散，加入豆瓣酱炒红，烹入料酒略炒。
3. 糖、醋、酱油、湿淀粉调成芡汁倒入锅，放入花生米炒匀即可。

姬菇炒鸡柳

材料 姬菇300克，鸡肉200克

调料 彩椒20克，葱末、蒜末各5克，盐2克，酱油3克

做法

1. 姬菇洗净切片；鸡肉洗净切成条；彩椒洗净切条。
2. 锅中倒油烧热，下入葱末和蒜末炸香，倒入姬菇和鸡柳炒熟。
3. 下盐和酱油调好味即可。

专家点评 排毒瘦身

农家炒土鸡

材料 土鸡350克，芹菜100克

调料 红辣椒15克，盐3克，生抽、陈醋各5克，味精1克

做法

1. 土鸡治净，剁成块；汆水后捞出；芹菜洗净，切成段；红椒洗净，切成圈。
2. 炒锅中倒油烧热，倒入鸡块翻炒片刻，加入生抽、陈醋爆炒至鸡肉变成焦黄时，放入红辣椒圈、芹菜段翻炒片刻。
3. 待熟后，放入味精翻炒一下，出锅即可。

小炒鸡胗

材料 鸡胗350克

调料 青葱、红椒、青椒各20克，干辣椒15克，料酒5克，盐3克，生抽6克

做法

1. 鸡胗洗净，切成片，用料酒，盐腌渍；青椒、红椒、干辣椒、葱洗净，切段。
2. 锅中油烧热，倒入干辣椒、鸡胗炒至发白，加入生抽、料酒翻炒。
3. 锅留油烧热，放入青椒、红椒炒香后，鸡胗回锅翻炒，加入葱段，撒入盐炒匀，出锅即可。

小炒鸡杂

材料 鸡肠、鸡胗各200克，胡萝卜、酸萝卜各100克

调料 青椒、红椒、蒜苗段各30克，盐、白酒、老抽、鸡精各适量

做法

1. 鸡胗洗净，切片；鸡肠洗净，切段；胡萝卜、酸萝卜洗净，切丁；青椒、红椒洗净，切段。
2. 锅中倒油烧热，放入蒜苗、青椒、红椒段炒香后，下入鸡肠、鸡胗和少量白酒，大火炒至变色后，加入胡萝卜丁、酸萝卜丁炒熟。
3. 倒入老抽调色，撒入鸡精，炒匀即可。

葱味孜然鸭脯

材料 鸭脯肉500克，大葱200克

调料 孜然粉15克，盐3克，味精1克，辣椒油、料酒各6克，淀粉5克

做法

1. 鸭脯肉洗净切成薄片，用料酒、淀粉、油将肉片腌渍片刻；大葱洗净斜切成片状。
2. 锅中倒辣椒油烧热，倒入大葱炒香，放入鸭脯肉煸炒。
3. 调入盐、味精、孜然粉炒入味后，炒至肉变色即可。

锅巴美味鸭

材料 烧鸭350克，锅巴50克，白熟芝麻30克

调料 盐3克，干椒40克

做法

1. 将烧鸭砍成大小一致的块；锅巴掰成小块；干椒洗净。
2. 起锅，烧热油，放入烧鸭、锅巴、干椒，翻炒。
3. 调入盐，炒熟，最后撒上白熟芝麻即可。

大厨献招　烧鸭和锅巴已是成品，所以炒菜时不用炒太久。

松香鸭粒

材料 松子仁、豌豆各200克，鸭肉300克，胡萝卜100克

调料 料酒6克，盐3克，味精1克

做法

1. 鸭肉洗净，切成粒；胡萝卜去皮，洗净，切成丁。
2. 炒锅加油烧热，倒入松子仁翻炒至金黄色，盛盘，凉凉；另起锅烧热，倒入鸭肉、豌豆、胡萝卜丁，炒熟后，倒入松子仁炒一会儿。
3. 加入料酒、盐、味精翻炒入味，出锅即可。

香菇鸭肉

材料 鸭300克，香菇、洋葱各200克

调料 青椒30克，料酒3克，生抽5克，盐3克，糖6克，老抽5克，胡椒粉2克

做法

1. 鸭治净，剁成块，入沸水汆烫后捞出；香菇、洋葱、青椒洗净，切小块。
2. 锅中倒油烧热，放入鸭块翻炒，烹入料酒、酱油炒至变色后，加入香菇煸炒至出水，再加入洋葱、青椒翻炒至断生。
3. 调入盐、糖、老抽、胡椒粉调味，出锅即可。

小鱼干炒茄丝

材料 小鱼干300克，茄子200克，青椒、红椒各30克

调料 盐、陈醋各2克，酱油3克

做法

1 小鱼干洗净沥干；茄子洗净切丝；青椒、红椒分别洗净切丝。

2 锅中倒油烧热，下入小鱼干稍炸，加入茄子、青椒和红椒一同炒熟。

3 下入调味料炒至入味即可。

专家点评 补脾健胃

香芹炒鳗鱼干

材料 鳗鱼干、香芹各300克

调料 红椒20克，老抽5克，盐3克，鸡精1克

做法

1 鳗鱼干泡发洗净，切成小段；红椒洗净，切丝；香芹洗净，去叶切段。

2 锅中倒油烧热，倒入鳗鱼干稍微过下热油，放入香芹段、红椒丝翻炒。

3 加入老抽、盐、鸡精，炒熟后出锅即可。

适合人群 一般人都可食用，尤其适合女性。

专家点评 保肝护肾

荷包蛋马哈鱼烧豆腐

材料 鸡蛋5个，马哈鱼200克，豆腐150克

调料 盐3克，青椒20克，辣椒酱适量

做法

1 马哈鱼、豆腐洗净，切块；青椒洗净，去籽切块。

2 锅中油烧热，打入鸡蛋，撒少量盐，煎成荷包蛋，放入盘中。

3 另起锅，烧热油，放入马哈鱼、豆腐稍炸，再放入青椒，调入盐、辣椒酱炒熟，倒入盛荷包蛋的碟中即可。

宫爆鳕鱼

材料 鳕鱼200克，黄瓜50克，熟花生100克

调料 干红辣椒末、淀粉各10克，盐3克，酱油5克，醋6克

做法

1. 鳕鱼洗净切块；黄瓜洗净切丁。
2. 鳕鱼用盐、淀粉上浆拌匀，锅中倒油烧热，倒入鳕鱼炸至金黄色捞出。
3. 另起锅中倒油烧热，下干红辣椒炒香，倒入黄瓜、炸熟花生，鳕鱼回锅爆炒。
4. 调入剩余调味料炒匀即可。

蒜苗咸肉炒鳕鱼

材料 鳕鱼350克，咸五花肉300克，胡萝卜200克

调料 蒜苗300克，盐3克，鸡精1克，淀粉6克

做法

1. 鳕鱼治净，切成段；用盐、鸡精、淀粉腌渍5分钟入味；咸肉洗净切块，入沸水中氽5分钟；蒜苗、胡萝卜洗净，切成段。
2. 锅中倒油烧热，放入鳕鱼、咸肉煸炒至出油，再放入蒜苗、胡萝卜煸炒至熟后。
3. 加入鸡精调味，翻炒均匀即可。

鳕鱼茄子煲

材料 鳕鱼、茄子各300克，香菇粒100克

调料 红椒粒、葱花、洋葱片各20克，料酒5克，淀粉10克，糖6克，盐3克

做法

1. 鳕鱼治净，切块，用料酒、淀粉拌匀；茄子去皮，洗净，切成段，用淀粉抓匀。
2. 锅中倒油烧热，倒入茄子炸熟；锅留油烧热，放入鳕鱼炸熟，捞出沥油。
3. 锅中倒油烧热，放入香菇粒、红椒、洋葱片、鳕鱼、茄条、水、糖、盐翻炒，撒上葱花即可。

韭菜鸡蛋炒银鱼

材料 韭菜300克，鸡蛋10克，银鱼50克

调料 盐3克，香油少许

做法

1. 韭菜洗净切段；鸡蛋打散；银鱼洗净沥干。
2. 锅中倒油烧热，下入鸡蛋煎至凝固，铲碎后加入韭菜和银鱼。
3. 翻炒均匀，加盐调味，出锅后淋上香油即可。

适合人群 一般人均可食用，尤其适合儿童。

专家点评 提神健脑

蒜仔鳝鱼煲

材料 鳝鱼400克，香菇、平菇各50克

调料 青椒、红椒各30克，大蒜20克，盐3克，酱油2克，蚝油1克

做法

1. 鳝鱼治净切段，加盐腌渍；香菇、平菇分别洗净切块；青椒、红椒分别洗净切片；大蒜去皮洗净。
2. 锅中倒油烧热，下入大蒜爆香，倒入鳝鱼炒熟，加入香菇、平菇和青椒、红椒炒熟。
3. 下盐、酱油和蚝油炒匀入味即可。

葱香炒鳝蛏

材料 鳝鱼750克，蛏子500克，葱100克

调料 料酒25克，香油5克，盐3克，味精1克

做法

1. 鳝鱼用刀剖开，取出内脏和脊骨，洗净切成段；蛏子洗净，汆水捞出，取出蛏肉；葱洗净切段。
2. 炒锅中倒油烧热，放入鳝鱼、蛏肉爆炒，倒入料酒。
3. 再下入葱段，调入盐、味精翻炒入味，淋上香油即可。

海味炒木耳

材料 鲜鱿鱼100克，虾仁150克，蟹柳100克，水发木耳200克，鸡蛋2个

调料 盐3克，葱5克

做法

1. 将鲜鱿鱼洗净，打花刀；虾仁洗净；蟹柳洗净，切段；水发木耳洗净，撕小朵；鸡蛋打成蛋液；葱洗净，切段。
2. 锅中油烧热，放入蛋液，煎成蛋皮，切片。
3. 另起锅，烧热油，放入所有原料翻炒，调入盐，炒熟即可。

火爆豉香鱿鱼圈

材料 鱿鱼300克

调料 豆豉10克，青椒、红椒各20克，盐3克

做法

1. 鱿鱼洗净切圈；青椒、红椒分别洗净切圈。
2. 锅中倒油烧热，下入鱿鱼圈炒熟，加红椒、青椒炒匀。
3. 加盐调味，倒入豆豉炒香即可。

适合人群 一般人都可食用，尤其适合男性。

专家点评 补脾健胃

酱爆鱿鱼须

材料 鱿鱼须350克，香菜200克

调料 XO酱15克，料酒3克，生抽5克，糖6克，盐3克，鸡精1克

做法

1. 鱿鱼须洗净，切成段，汆水后沥干；香菜洗净，切段。
2. 锅中倒油烧热，放入鱿鱼须、料酒，快炒1分钟，再倒入生抽、XO酱、糖翻炒。
3. 最后加入香菜，加入盐、鸡精翻炒均匀盛出即可。

专家点评 开胃消食

福一处小炒

材料 绿豆芽350克，鱿鱼300克，韭菜100克

调料 盐3克，味精1克，香油5克

做法

1. 绿豆芽去头洗净；鱿鱼、韭菜分别洗净，切成长段。
2. 锅中倒油烧热，放入鱿鱼煸炒至肉变色，下韭菜段、绿豆芽翻炒至熟。
3. 加入盐、味精炒匀，淋上香油即可。

适合人群 一般人都可食用，尤其适合男性。

专家点评 保肝护肾

干煸豆角鱿鱼

材料 豆角350克，鱿鱼300克

调料 红椒15克，豆豉10克，盐5克，酱油8克，料酒10克

做法

1. 豆角洗净切成长段，焯水后沥干；鱿鱼洗净切丝；红椒洗净切成条。
2. 鱿鱼用盐、料酒腌渍10分钟；锅中倒油烧热，下入豆豉、红椒爆香，再倒入鱿鱼丝、豆角一起煸炒至熟。
3. 加入盐、酱油，大火炒3分钟即可。

干煸鱿鱼须

材料 鱿鱼须300克，芹菜200克

调料 干红尖椒20克，料酒、盐、酱油各3克，味精1克

做法

1. 鱿鱼须洗净切成段；芹菜、干红尖椒洗净留梗切段。
2. 锅中倒油烧热，下入干红辣椒炒香，倒入鱿鱼、芹菜段煸炒。
3. 烹入料酒翻炒，加入盐、酱油、味精炒香即可。

专家点评 益气补虚

黑椒墨鱼片

材料 净墨鱼肉250克，洋葱100克

调料 盐3克，黑椒10克，酱油适量，青椒、红椒各25克

做法

1. 将墨鱼肉、洋葱洗净，切片；青椒、红椒洗净，去籽，切片。
2. 锅中油烧热，放入洋葱、红椒、青椒炒香。
3. 再放入墨鱼，调入盐、黑椒、酱油，炒熟即可。

适合人群 一般人均可食用。

火爆墨鱼花

材料 墨鱼300克，水发木耳50克，蒜薹100克，洋葱50克

调料 红椒20克，盐3克，淀粉5克

做法

1. 墨鱼洗净切片，打上花刀；木耳洗净撕成小块；蒜薹洗净切段；洋葱、红椒分别洗净切片；淀粉加水拌匀。
2. 锅中倒油烧热，墨鱼滑熟后捞出；再下入红椒、木耳、洋葱、蒜薹一起炒熟。
3. 最后再倒入墨鱼，炒匀后，加入水淀粉勾芡，加盐调味即可。

酱爆墨鱼仔

材料 墨鱼仔350克，西芹50克，百合30克

调料 红椒10克，辣椒酱15克，料酒3克，鲜贝露10克，盐3克

做法

1. 墨鱼仔洗净，汆水后沥干；西芹洗净，切段；百合洗净；红椒洗净切成小块。
2. 炒锅中倒油烧热，放入辣椒酱翻炒至呈深红色，放入墨鱼仔爆炒，烹入料酒炒匀后，倒入鲜贝露。
3. 加入盐，倒入西芹、百合、红椒炒至入味即可。

三鲜口袋豆腐

材料 鱼丸、肉丸、油豆腐各100克，水发香菇、鱿鱼各50克

调料 葱段、盐各2克，红椒、酱油、淀粉各3克

做法

1. 油豆腐、水发香菇洗净切块；鱿鱼洗净切片，打上花刀；红椒洗净切片；淀粉加水拌匀。
2. 锅中倒油烧热，下入鱼丸、肉丸、油豆腐、香菇和鱿鱼炒熟。
3. 下葱段和红椒炒匀，加盐、酱油调味，倒入淀粉水勾芡即可。

台湾小炒

材料 红椒、芹菜各200克，豆干300克，虾干、鱿鱼干各150克

调料 盐2克，酱油3克

做法

1. 红椒、芹菜、豆干分别洗净切条；鱿鱼干泡发，洗净，切成长条；虾干泡发，洗净。
2. 锅中倒油烧热，下入鱿鱼干、虾干炒香，再下入红椒、芹菜、豆干炒熟。
3. 下盐和酱油炒匀入味，倒入盘中即可。

专家点评 保肝护肾

碧绿炒虾球

材料 河虾100克，西芹150克

调料 盐3克，料酒5克，鸡精1克

做法

1. 河虾去壳除肠泥，剪去虾头和虾尾，洗净沥干；西芹洗净，切成菱形片。
2. 炒锅中倒油烧热，放入虾仁、西芹快炒。
3. 调入料酒略炒，加入盐和鸡精调味即可。

适合人群 一般人都可食用，尤其适合老年人食用。

专家点评 降压降血糖

翠塘虾干小银鱼

材料 四季豆200克，虾米50克，小银鱼100克

调料 盐3克，红椒20克，面粉30克

做法

1. 四季豆洗净，去头尾，切成段；虾米、小银鱼洗净；红椒洗净，切块。
2. 烧热适量油，把裹上面粉的小银鱼放入锅中炸至金黄色，捞起，沥干油。
3. 锅中留少量油，放入四季豆、虾米、小银鱼、红椒，调入盐，炒熟即可。

专家点评 提神健脑

翡翠虾仁

材料 鲜虾仁200克，豌豆300克，滑子菇20克

调料 盐3克，淀粉5克

做法

1. 虾仁洗净；豌豆和滑子菇洗净沥干；淀粉加水拌匀。
2. 锅中倒油烧热，下入豌豆炒熟，再倒入滑子菇和虾仁翻炒。
3. 全部炒熟后加盐调味，倒入淀粉水勾一层薄芡即可。

专家点评 补血养颜

凤尾桃花虾

材料 鲜虾500克，西兰花300克

调料 盐3克，味精1克

做法

1. 鲜虾去头、肠线、壳洗净，氽水后沥干；西兰花洗净掰成小朵，入开水焯熟。
2. 虾肉用料酒、盐腌渍15分钟。
3. 锅中倒油烧热，倒入虾球、西兰花翻炒，调入盐，味精入味，炒匀即可。

适合人群 一般人都可食用，尤其适合儿童。

专家点评 提神健脑

福寿四宝虾球

材料 虾仁300克，黄瓜200克，白果、蟹柳各150克，玉米粒100克，松仁20克

调料 味精1克，盐、料酒各3克，淀粉适量

做法

1. 黄瓜洗净分切成块和丁；白果、玉米粒洗净，焯水沥干；蟹柳洗净切段。
2. 虾仁用盐、味精、料酒拌匀，水淀粉上浆，倒入热油锅滑炒，盛起。
3. 锅留油烧热，加白果、黄瓜、玉米粒、松仁、蟹柳、虾仁炒匀，加入盐、味精调味即可。

八卦鲜贝

材料 鲜贝400克，西兰花400克

调料 高汤300克，酱油1克，糖3克，米醋2克，番茄酱10克，盐3克

做法

1. 鲜贝洗净备用；高汤加盐下锅煮开，倒入一半鲜贝煮熟，捞出沥干备用；西兰花洗净掰块，焯水后铺盘。
2. 炒锅倒油加热，下入酱油、糖、米醋、番茄酱煮至溶化，倒入剩下的鲜贝翻炒至熟。
3. 将按照两种做法做好的鲜贝分别倒入装饰好的盘中即可。

琥珀甜豆炒海参

材料 核桃仁150克，熟白芝麻50克，甜豆350克，北极贝300克，海参200克

调料 糖20克，盐3克，味精1克

做法

1. 北极贝洗净沥干；海参泡发，洗净，切条；甜豆摘去老筋，洗净，焯水沥干。
2. 锅倒糖烧热，放入核桃仁炒至上糖色捞出，粘上熟白芝麻。
3. 锅中倒油烧热，倒入甜豆煸炒，加入海参、北极贝翻炒。
4. 调入盐、味精入味，撒上核桃仁炒匀即可。

韭芹炒贝尖

材料 韭菜、贝尖各200克，西芹100克

调料 盐3克，香油少许

做法

1. 韭菜洗净切段；西芹洗净切细条；贝尖洗净。
2. 锅中倒油加热，下入贝尖炒熟，加入韭菜和芹菜同炒，下盐调味。
3. 全部炒熟后出锅，淋上香油即可。

大厨献招 西芹茎部会有老筋，如果嫌它影响口感可以摘除。

杂菇炒鲜贝

材料 滑子菇、鸡腿菇、平菇各100克，鲜贝30克，荷兰豆50克

调料 盐3克

做法

1. 将滑子菇、鸡腿菇、平菇、鲜贝洗净，切小块；荷兰豆洗净，切段。
2. 锅中加水烧沸，将切好的原料分别焯一下后，捞出沥干。
3. 锅中倒油烧热，放入所有原料，翻炒至熟，调入盐炒匀即可。

尖椒炒河蚌

材料 河蚌350克，红尖椒200克，香菜100克

调料 料酒3克，盐3克，味精1克

做法

1. 河蚌洗净，放入开水中煮至开口捞出，取出蚌肉，切成细丝；红尖椒洗净，切斜圈；香菜洗净，切段。
2. 锅中倒油烧热，放入红尖椒爆香，再倒入蚌肉、香菜翻炒。
3. 加入盐、料酒、味精，炒至入味即可。

专家点评 养心润肺

辣炒花蛤

材料 花蛤250克

调料 盐3克，红椒20克，姜15克，葱15克，酱油适量，料酒适量

做法

1. 将花蛤洗净，放入盐水中吐尽泥沙；红椒、姜、葱洗净，切丝。
2. 锅中油烧热，放入红椒、姜、葱炒香，再放入花蛤，爆炒。
3. 最后调入盐、酱油、料酒，炒熟即可。

专家点评 养心润肺

杭椒爆螺肉

材料 螺肉200克

调料 盐3克，红椒、青椒各25克，花椒20克，酱油适量

做法

1. 将螺肉、花椒洗净；红椒、青椒洗净，切碎。
2. 锅中烧热油，放入红椒、青椒、花椒爆香。
3. 再放入螺肉，调入盐、酱油，炒熟即可。

适合人群 尤其适合男性食用。

专家点评 养心润肺

黑椒西葫芦螺片

材料 海螺肉、西葫芦各200克

调料 盐3克，红椒20克，酱油适量，黑椒10克

做法

1. 将海螺肉、西葫芦洗净，切片；红椒洗净，去籽，切块。
2. 锅中烧热水，放入螺片氽烫片刻；另起锅，烧热油，放入螺片、西葫芦、红椒，翻炒。
3. 调入盐、酱油、黑椒，炒熟即可。

专家点评 养心润肺

烧菜

——醇厚鲜香人人爱

虾米烧茄子

材料 虾米50克，茄子300克，鸡蛋2个

调料 盐3克，红椒、青椒各30克，酱油、淀粉、面粉各适量

做法

1. 将虾米洗净；茄子去皮，洗净，切块；鸡蛋打成蛋液；红椒、青椒洗净，切块。
2. 将淀粉、面粉、蛋液做成面糊，将茄子挂上面糊放入油锅中炸至六成熟。
3. 锅中留少量油，放入虾米、茄子、红椒、青椒，调入盐、酱油和适量水，烧熟即可。

日式青芥烧豆腐

材料 虾仁100克，日本豆腐350克，芥菜50克

调料 盐3克，味精2克，高汤适量，淀粉20克

做法

1. 日本豆腐取出，切成象棋块；虾仁洗净，备用；芥菜取梗洗净，对剖后再切成花刀。
2. 锅中加油烧热，下入虾仁、芥菜稍炒后，再倒入日本豆腐。
3. 最后加入高汤，开大火烧至熟，加盐、味精调味，最后以淀粉水勾芡即可。

专家点评 增强免疫

三鲜烧冻豆腐

材料 海参、虾仁、鱿鱼各70克，冻豆腐200克

调料 辣椒20克，盐3克，酱油10克，高汤适量

做法

1. 海参泡发，洗净，切成段；鱿鱼洗净，打上花刀，切块；冻豆腐、辣椒洗净，切块。
2. 锅中加油烧热，下入辣椒、海参、虾仁、鱿鱼爆炒后，加入酱油、高汤烧开。
3. 再下入冻豆腐，烧至冻豆腐熟后，加盐调味即可。

专家点评 增强免疫

红烧米豆腐

材料 米豆腐350克

调料 泡椒15克，葱、酱油、盐、醋、味精各适量

做法

1. 米豆腐洗净，切成四方形的小块，再下入沸水中焯去异味，捞出；葱洗净，切碎。
2. 锅中加油烧热，下入泡椒、酱油、盐、醋炒香后，再加少许水烧开。
3. 最后加入米豆腐，烧至汁水将干且入味时，出锅加入味精，撒上葱花即可。

青豆烧丝瓜

材料 青豆350克，丝瓜400克

调料 青辣椒、红辣椒各15克，蒜15克，葱白15克，高汤75克，盐3克

做法

1. 丝瓜削皮，斜切成块；青辣椒、红辣椒洗净切圈；葱白洗净，切成段；蒜去皮洗净；青豆洗净。
2. 锅倒油烧至五成热，炒香葱白、蒜、辣椒，再放入青豆、丝瓜炒熟。
3. 倒入适量高汤，烧至汤汁将干，加盐即可。

麻婆豆腐

材料 豆腐400克，牛肉100克

调料 豆瓣辣酱10克，花椒粉、辣椒粉各适量，蒜苗15克，红油适量

做法

1. 豆腐洗净切块，焯水后捞出沥干；牛肉洗净切末；蒜苗洗净，切段。
2. 锅中倒油烧热，下入肉末炒熟捞出；再倒油烧热，下入豆瓣辣酱和红油炒香，加适量水烧开。
3. 加入豆腐和肉末，微烧后出锅，撒上花椒粉、辣椒粉、蒜苗即可。

茶树菇砣砣肉

材料 红烧肉250克，鲜茶树菇150克

调料 盐3克，红椒、青椒20克，干椒15克，葱15克

做法

1. 将茶树菇洗净，切段；红烧肉切块；红椒、青椒洗净，切碎；干椒、葱洗净，切段。
2. 锅中倒油烧热，放入红椒、青椒、干椒、葱爆香。
3. 再放入茶树菇、红烧肉炒匀后，掺适量水烧至水快干时，调入盐即可。

草菇烧肉

材料 草菇200克，猪肉150克

调料 盐2克，酱油适量，葱10克，蚝油6克

做法

1. 将猪肉洗净，切片；草菇洗净，对切开来；葱洗净，切段。
2. 锅中烧热水，放入草菇焯烫片刻，捞起，沥干水。
3. 另起锅，倒油烧热，放入草菇、猪肉、葱，调入盐、酱油、蚝油，烧熟即可。

专家点评 益气补虚

红烧肉豆腐皮

材料 五花肉500克，豆腐皮350克

调料 红椒、青椒各30克，八角、桂皮、老抽各5克，花椒、料酒、盐各3克，味精1克

做法

1. 五花肉洗净切块，汆水后捞出；豆腐皮洗净切条；青椒、红椒洗净切小块。
2. 锅中倒油烧热，放入五花肉煸炒至肉出油，倒入花椒、八角、桂皮、料酒、老抽翻炒，加入开水，放入豆腐皮、青椒、红椒，烧炖至肉熟。
3. 调入盐、味精入味，收汁即可。

红烧狮子头

材料 猪肉泥、马蹄、猪板油、鸡蛋、油菜各适量

调料 盐3克，酱油5克，淀粉10克，糖6克，胡椒粉3克，蚝油3克，料酒5克

做法

1. 油菜洗净焯水后装盘。
2. 将猪肉泥、猪板油、马蹄、鸡蛋液、酱油、淀粉、盐搅匀，捏成丸子。
3. 锅中倒油烧热，放入肉丸，炸呈金黄色捞出，另起锅，倒入肉丸、水烧开；加入其他调味料煮至入味，用水淀粉勾芡装盘即可。

腐竹烧肉

材料 腐竹、瘦肉各150克，芹菜50克

调料 盐3克，姜、红椒各20克，辣椒酱适量

做法

1. 将腐竹、芹菜洗净，切段；瘦肉、姜洗净，切片；红椒洗净，切圈。
2. 锅中油烧热，放入腐竹，稍炸片刻，捞起。
3. 锅中留少量油，放入红椒、姜爆香，再下入腐竹、瘦肉、芹菜，调入盐、辣椒酱，炒熟即可。

专家点评 降压降血糖

板栗烧肉

材料 五花肉500克，板栗200克，青菜15克

调料 盐3克，冰糖5克，料酒6克，老抽5克

做法

1. 五花肉洗净，切成块，然后汆水；板栗去掉壳、皮，洗净；青菜洗净焯水。
2. 锅中倒油烧热，倒入五花肉、料酒、老抽、冰糖炒至五花肉上色，再倒入适量的水煮半小时。
3. 再倒入板栗烧15～20分钟，待板栗熟，加盐调味炒匀即可。

专家点评 增强免疫

毛式红烧肉

材料 带皮五花肉400克，鱼丸100克

调料 盐4克，味精2克，生抽、辣椒、高汤、糖、大蒜、蜂蜜各适量

做法

1. 五花肉洗净切块，汆水后捞出；鱼丸洗净。
2. 油锅烧热，放入适量白糖，等到糖变成焦茶色起大泡时，倒入肉块迅速翻炒上色，加入料酒，酱油等其他调料，倒入鱼丸，稍微加一点水，小火煮20分钟。
3. 等汤汁收浓，起锅撒上葱花即可。

白菜粉丝烧丸子

材料 白菜、猪肉丸子各200克，粉丝100克

调料 葱末、香菜末各适量，酱油3克，淀粉4克

做法

1. 白菜洗净切段；粉丝泡发，洗净；淀粉加水拌匀。
2. 锅中倒油加热，下入白菜炒熟，倒入肉丸子和粉丝，加适量水烧熟。
3. 熟后加酱油调味，最后倒入淀粉水勾芡，出锅后撒上葱末和香菜末即可。

板栗烧猪蹄

材料 板栗150克，猪蹄350克

调料 盐3克，料酒适量，酱油适量，糖、八角各5克，葱10克

做法

1. 将板栗剥壳，洗净；猪蹄洗净，剁小块；八角洗净；葱洗净，切碎。
2. 锅中水烧开，放入猪蹄，汆烫片刻，捞起。
3. 另起锅，放入所有调料，再下入板栗、猪蹄，翻炒至匀，加入适量水焖熟，撒上葱花即可食用。

板栗年糕烧排骨

材料 排骨300克，板栗100克，年糕150克

调料 高汤600克，味精、料酒、生抽、葱白各5克，红泡椒10克，盐适量

做法

1. 排骨洗净剁成段，汆水后捞出沥干；板栗去掉壳、皮，洗净；年糕切片；葱白洗净切段。
2. 锅中倒油烧热，倒入泡椒、葱白、排骨、料酒、年糕片炒匀。
3. 倒入高汤、生抽、板栗、红泡椒，小火烧20分钟，各材料熟后，调入盐、味精即可。

鲍鱼焖排骨

材料 鲍鱼、排骨各150克，带鱼200克，香菇50克

调料 酱油200克，盐3克，料酒8克，葱花30克，蚝油50克，淀粉80克

做法

1. 鲍鱼去壳洗净，切片；排骨洗净切块，汆水后沥干；带鱼洗净，切段，打上花刀；香菇洗净。
2. 锅中倒油烧热，排骨和带鱼沾上淀粉后炸至金黄色捞出。
3. 另起锅，下入鲍鱼片、香菇、排骨、带鱼、酱油、蚝油、料酒、盐炒熟，撒上葱花。

海带烧小排

材料 海带100克，排骨250克

调料 盐3克，酱油、蚝油各适量

做法

1. 将海带泡发，洗净，切段；排骨洗净，切块。
2. 锅置火上，热油，放入海带、排骨，翻炒。
3. 再倒入酱油、蚝油炒匀，掺入适量水烧熟，调入盐即可。

大厨献招 海带有点腥味，在做菜前可以焯烫片刻再炒，效果更好。

干豆角排骨

材料 干豆角100克，排骨350克，油菜100克

调料 料酒3克，酱油10克，糖15克，醋8克

做法

1. 干豆角泡发，洗净切段；排骨洗净切段，汆水后捞出；油菜洗净，焯水后铺盘。
2. 锅中倒油烧热，放入排骨、料酒炒熟，盛出。
3. 锅中倒油烧热，下入糖、酱油、醋炒成棕红色，下入排骨、干豆角翻炒。
4. 再加水烧至汁水全干时即可。

峨笋仔排

材料 排骨300克，干笋200克

调料 盐2克，酱油8克

做法

1. 排骨洗净剁成块，用盐腌至入味；干笋泡发，洗净切块。
2. 锅中倒油烧热，下入排骨翻炒。
3. 倒入干笋一同炒匀，再加适量水和酱油一起烧至水干，加盐调好味即可。

大厨献招 干笋可用温水泡发，速度更快。

适合人群 老年人

豆香排骨

材料 猪排骨600克，黄豆100克

调料 盐1克，味精2克，豆瓣酱10克，辣妹子酱、红油、香油各5克，鲜汤500克

做法

1. 猪排骨洗净斩段；黄豆泡发，洗净。
2. 锅中加水烧热下入黄豆煮熟；另起锅中倒油烧热，加入排骨煸炒至变色，下入豆瓣酱、辣妹子酱炒香，倒入鲜汤，放入黄豆。
3. 加入盐、味精，烧至排骨酥烂时，收浓汤汁，淋上香油、红油即可。

五成干烧排骨

材料 排骨300克，五成干300克

调料 盐3克，鸡精2克，酱油、醋、料酒各适量

做法

1. 排骨洗净切块，汆水捞出；五成干洗净备用。
2. 锅内加水烧开，放入五成干汆熟，捞出沥干摆盘。锅下油烧热，放入排骨煸炒片刻，调入盐、鸡精、酱油、料酒、醋炒匀，待炒至八成熟时，加适量清水焖煮，待汤汁收干盛于五成干上即可。

仔芋烧小排

材料 芋头300克，排骨350克

调料 料酒3克，酱油6克，鸡精1克，淀粉10克，青椒、红椒各适量

做法

1. 芋头去皮，洗净；排骨洗净，剁成段，汆烫后捞出；青椒、红椒洗净，切段。
2. 锅中倒入水、排骨、料酒，煮熟软后，再放入芋头煮软，加入青椒、红椒块煮至断生，捞出，盛盘。
3. 取剩余汤汁，加入酱油、鸡精，用淀粉水勾芡，淋在盘中即可。

农家烧肥肠

材料 猪大肠300克，土豆50克，蒜薹100克

调料 盐2克，酱油3克

做法

1. 猪大肠洗净，用盐揉搓去腥；土豆洗净去皮，切条；蒜薹洗净，切段。
2. 锅中倒油加热，下入大肠翻炒，再倒入土豆和蒜薹炒熟。
3. 下盐和酱油炒入味，出锅装盘即可。

专家点评 开胃消食

鸡腿菇烧肥肠

材料 鸡腿菇200克，肥肠300克

调料 盐2克，酱油3克，蚝油3克，青椒、红椒各5克，淀粉5克

做法

1. 鸡腿菇洗净，对切开；肥肠洗净；青椒、红椒分别洗净切片；淀粉加水拌匀。
2. 锅中倒油烧热，下入肥肠炒至断生，加鸡腿菇炒熟。
3. 下盐、酱油和蚝油调味，最后浇上淀粉水勾芡即可。

泡菜烧多宝鱼

材料 多宝鱼400克，泡菜30克

调料 蒜末3克，酱油3克，盐2克

做法

1. 多宝鱼治净，抹上盐腌渍入味；泡菜切丝备用。
2. 锅中倒油烧热，下入蒜末爆香，加入多宝鱼煎熟。
3. 倒入泡菜和酱油炒匀，再加适量水烧至汁水将干即可。

专家点评 提神健脑

蒜烧肚条

材料 猪肚350克，莴笋300克

调料 大蒜20克，红椒20克，料酒20克，盐3克，鸡精2克

做法

1. 猪肚洗净，切成条；莴笋去皮，洗净，切成段；大蒜去皮，洗净；红椒去蒂，洗净。
2. 锅中倒入清水，放入猪肚、蒜瓣、红椒，烧沸后，加入料酒，继续烧至猪肚八分熟后，倒入莴笋同煮。
3. 待各材料烧熟，加入盐、鸡精调味，出锅即可。

肥牛蒜烧土豆

材料 牛肉100克，土豆300克，蒜薹100克

调料 盐3克，红椒5克，酱油2克

做法

1. 牛肉洗净切片；土豆去皮，洗净切块；蒜薹洗净切段；红椒洗净切段。
2. 锅中倒油烧热，下入牛肉炒至变色，加入蒜薹和土豆炒熟。
3. 下红椒、盐和酱油调味，再加适量水，烧至汁水将干时即可出锅。

专家点评 防癌抗癌

干笋烧牛肉

材料 干笋200克，牛肉300克

调料 青椒、红椒、鲜汤各30克，豆瓣酱15克，料酒、酱油、盐各3克

做法

1. 干笋泡发，洗净切块，入开水煮约半小时，捞出；牛肉洗净，汆水后切块；青椒、红椒洗净。
2. 锅中倒油烧热，放入豆瓣酱炒匀，加入青椒、红椒，烹入料酒，加入酱油翻炒，倒入鲜汤烧开。
3. 再放入牛肉、干笋，烧至汤汁将干时，加盐调味即可。

蜜豆烧牛肉

材料 蜜豆200克，牛肉250克

调料 盐3克，淀粉10克，料酒6克，酱油7克

做法

1. 蜜豆择去老筋，洗净，再切成段；牛肉洗净，切成薄片，加入淀粉、料酒、盐腌渍。
2. 锅中加油烧热，下入牛肉片滑散后，捞出。
3. 原锅再加油烧热，下入蜜豆炒熟后，倒入牛肉片，加适量水，烧至汁干，各材料熟后，加盐、酱油调味即可。

专家点评 益气补虚

苦瓜烧牛蹄筋

材料 苦瓜200克，牛蹄筋150克

调料 盐3克，红椒30克，葱20克

做法

1. 将苦瓜洗净，去籽切圈；牛蹄筋洗净，切块；红椒洗净，去籽切块；葱洗净，切碎。
2. 锅中水烧热，放入牛蹄筋氽烫片刻，捞起。
3. 另起锅，倒油烧热，放入红椒爆香，再放入苦瓜、牛蹄筋炒匀，加少许水烧至熟透，调入盐，撒上葱花即可。

葱烧牛蹄筋

材料 牛蹄筋200克，大葱100克，红泡椒50克

调料 盐、蚝油、糖各3克，鸡精、老抽、料酒各2克，淀粉、牛骨汤各6克

做法

1. 牛蹄筋泡发，洗净切成条；大葱洗净切段；红泡椒洗净；淀粉加水搅匀。
2. 炒锅中倒油烧热，放入牛蹄筋、料酒爆炒，注入牛骨汤、蚝油烧至牛蹄筋酥烂。
3. 放入泡椒、葱段，调入盐、鸡精、糖、老抽翻炒入味，用水淀粉勾芡即可。

草菇烧仔鸡

材料 草菇150克，鸡肉250克

调料 盐3克，番茄酱适量，白糖5克，葱15克

做法

1. 将草菇洗净，对切；鸡肉洗净，切块；葱洗净，切碎。
2. 锅中倒水烧热，放入草菇焯烫一下，捞起，沥干水。
3. 另起锅，倒油烧热，放入草菇、鸡肉炒熟后，调入少许水、盐、番茄酱、白糖一起烧至汁水全干，撒上葱花即可。

专家点评 补血养颜

板栗鸡块

材料 仔鸡200克，板栗100克

调料 盐3克，味精2克，料酒、生抽、老抽各5克，糖6克，葱3克，红椒3克

做法

1. 仔鸡洗净切块；板栗去掉壳、皮，洗净；葱洗净切碎；红椒洗净切块。
2. 锅放油烧热，下葱、鸡块、料酒、生抽、老抽、糖炒至水干。
3. 放入板栗、红椒、水，用大火烧至栗酥鸡烂，入盐、味精调味，收汁起锅即可。

家乡笋子鸡

材料 净鸡350克，烟笋300克，熟花生100克

调料 葱10克，辣椒酱15克，酱油5克，料酒、糖各3克，鸡精1克，高汤适量

做法

1. 净鸡洗净切块，用酱油、料酒腌渍；烟笋泡发，洗净，切段；葱洗净切碎。
2. 锅中油烧热，倒入鸡块炒至变色后盛起，另起锅中倒油烧热，加入辣椒酱煸香，加鸡块、烟笋、高汤烧熟后，放入熟花生。
3. 加入糖、酱油、鸡精调味，撒上葱花即可。

卤鸡翅

材料 鸡翅600克，蒜、葱段、姜片各20克

材料 盐3克，冰糖、料酒、酱油各适量，综合卤包1个

做法

1. 蒜去皮，洗净拍碎。
2. 鸡翅洗净，放入开水中，加入一半葱及姜片烫熟，捞出。
3. 锅中放水、酱油、盐、冰糖、料酒、综合卤包、蒜，加剩下的葱段和姜片，再加入鸡翅煮开，熄火焖3小时，捞出鸡翅，盛入盘中，即可。

专家点评 养心润肺

青豆烧鸡

材料 豌豆、青豆各300克，鸡肉350克

调料 盐3克，辣椒油5克，鸡精1克，酱油5克

做法

1. 鸡治净，剁成块，入沸水汆烫后捞出；青豆、豌豆洗净。
2. 锅中倒油烧热，倒入鸡块炸至金黄色，捞出；另起锅加水，倒入青豆、豌豆煮熟后捞起。
3. 锅中倒入辣椒油烧热，鸡块、青豆、豌豆回锅略炒，最后加入盐、酱油、鸡精调味即可。

适合人群 一般人均可食用，尤其适合女性。

专家点评 益气养血

干锅凤爪

材料 凤爪300克

调料 青椒、红椒各10克，卤肉汁600克，盐3克，酱油5克，味精2克

做法

1. 凤爪洗净，剪去趾甲；青椒、红椒洗净切小块。
2. 锅中加水烧开，放入凤爪，加入卤肉汁、盐，煮至熟。
3. 另起锅中倒油烧热，倒入青椒、红椒炒香，凤爪回锅，再加入适量水烧至凤爪熟软，调入酱油、味精炒匀即可。

仔姜烧鸭

材料 鸭肉300克

调料 子姜片、红椒各20克，葱段15克，老抽6克，生抽5克，糖3克

做法

1. 鸭肉治净，剁块，汆烫后捞出；红椒洗净，对半切开。
2. 锅中放油烧热，倒入鸭块炒至微黄，加入老抽、生抽、糖炒至发亮，加入没过鸭肉的清水。
3. 盖上盖，待水快干时，加入子姜、红椒、葱段、水，再烧20分钟即可。

滑子菇烧鸭血

材料 鸭血、滑子菇各500克

调料 葱10克，盐3克，鸡精2克，淀粉适量

做法

1. 滑子菇洗净，焯水后捞出凉凉；鸭血洗净切小块；葱洗净切碎，淀粉加水拌匀。
2. 锅中倒油烧热，放入滑子菇翻炒，倒入鸭血、葱炒匀，加入适量水烧煮至汁水将干。
3. 加入盐、鸡精烧至入味，用水淀粉勾薄欠炒匀即可。

专家点评 补血养颜

馋嘴鸭掌

材料 鸭掌300克，黄瓜150克

调料 盐3克，酱油适量，干椒30克，蒜10克，花椒粉5克

做法

1. 将鸭掌洗净，切去趾甲；黄瓜洗净，切条；干椒洗净，切段；蒜去皮，洗净。
2. 锅中倒油烧热，放入干椒、蒜爆香。
3. 再放入鸭掌、黄瓜炒匀，掺少许水烧干，再调入盐、酱油、花椒粉，炒熟即可。

专家点评 开胃消食

韭菜烧鸭血

材料 韭菜300克，鸭血200克

调料 红椒5克，盐3克，胡椒粉适量

做法

1. 韭菜洗净切段；鸭血洗净切块；红椒洗净切丝。
2. 锅中倒油烧热，下入韭菜和鸭血炒匀，加红椒和盐调味。
3. 倒少许水，将锅中的材料烧熟，撒上胡椒粉即可。

大厨献招 一般人都可食用，尤其适合女性。

专家点评 排毒瘦身

扒焖鱼头

材料 鲢鱼头500克

调料 番茄酱4克，醋1克，糖3克，淀粉5克，料酒、酱油适量

做法

1. 鲢鱼头去腮洗净，对切成两半，浇上料酒稍腌渍几分钟；淀粉加水拌匀。
2. 锅中倒油烧热，下入鲢鱼头煎熟出锅，净锅再倒入番茄酱、醋、糖炒匀。
3. 重新下入鱼头，用水淀粉勾芡后烧约5分钟，酱油调味，即可出锅装盘。

红烧鱼块

材料 鱼500克，黄瓜100克

调料 蒜苗20克，姜3克，料酒5克，酱油3克，糖6克，味精1克，淀粉6克

做法

1. 鱼治净，切块；黄瓜洗净切块；姜洗净切末；蒜苗洗净切段。
2. 锅中倒油烧热，放入鱼块煎至金黄色，倒入姜末、烹入料酒，加开水，倒入黄瓜、蒜苗烧至鱼熟。
3. 调入酱油、糖、味精，用水淀粉勾芡即可。

家乡鱼

材料 桂花鱼350克

调料 姜、葱、醋各5克，郫县豆瓣酱10克，蒜、糖、酱油、淀粉各6克，盐3克，高汤60克

做法

1. 桂花鱼剖肚去内脏洗净，切成片；姜、蒜洗净切碎；淀粉加水拌匀。
2. 锅中倒油烧热，放入姜、蒜炝锅，再倒入鱼片煎至浅黄色，然后倒入郫县豆瓣酱，加入酱油、高汤烧至鱼入味。
3. 加入醋、糖、盐调味，最后用水淀粉勾芡即可。

豆腐烧鲫鱼

材料 鲫鱼500克、豆腐200克

调料 葱花、花椒粉各3克，豆瓣、辣椒粉各4克，姜末5克，盐2克，料酒、水淀粉各适量

做法

1. 鲫鱼治净，抹盐腌渍；豆瓣剁细。
2. 豆腐洗净，切丁；油锅烧热，下鲫鱼，煎至两面金黄色起锅。
3. 油锅烧热，下豆瓣、姜末、辣椒粉炒香，加水烧开，再放鱼、豆腐、料酒同烧入味；锅内下水淀粉勾芡，撒上葱花、花椒粉即可。

鱼羊一盘鲜

材料 鱼肉350克，羊肉350克，西兰花200克

调料 红椒、红椒各15克，料酒5克，盐3克

做法

1. 鱼肉洗净，加入盐腌渍；羊肉洗净，切成宽片；西兰花洗净，掰成小朵；青椒、红椒洗净，切小段。
2. 将鱼肉包入羊肉片内，摆盘，蒸熟，取出。
3. 锅中倒油烧热，放入青椒、红椒、西兰花翻炒，加入料酒、盐、水烧沸，淋在盘中即可。

豆瓣烧草鱼

材料 草鱼约500克，莲藕150克

调料 豆瓣酱20克，蒜蓉5克，葱白末、酱油、糖、盐、胡椒粉、辣椒油各3克，淀粉适量

做法

1. 草鱼治净；莲藕去皮洗净，切成片。
2. 草鱼用盐、酱油、胡椒粉略腌，抹上干淀粉，锅中倒油烧热，下草鱼煎熟盛盘。
3. 炒锅中留底油，下蒜蓉、豆瓣酱、糖、酱油、辣椒油、水，烧开，放入草鱼、莲藕片烧至熟透，撒上葱白末即可。

葱烧武昌鱼

材料 武昌鱼500克，葱20克

调料 盐3克，姜、蒜各5克，味精1克，辣椒酱15克

做法

1. 武昌鱼开肚去内脏，洗净，在鱼身两面打上十字花刀；葱、姜、蒜洗净切碎。
2. 锅中倒油烧热，加入姜、蒜炒香，倒入辣椒酱炒出红油，放入武昌鱼煎至金黄色。
3. 倒入水，调入盐、味精烧至入味，撒上葱花即可。

牡蛎烧豆腐

材料 牡蛎肉100克，豆腐150克

调料 盐、葱各3克，酱油、料酒各5克，高汤少许

做法

1. 牡蛎肉搓洗干净；豆腐洗净，切成块；葱洗净，切成圈。
2. 锅中加油烧热，下入牡蛎肉、料酒、酱油炒香后，加入高汤烧开。
3. 再下入豆腐，烧至各材料均熟，加盐、葱花调味即可。

干烧鳜鱼

材料 鳜鱼350克，豌豆、冬笋各30克

调料 红辣椒丁20克，醪糖汁10克，酱油3克，鲜汤60克，糖3克

做法

1. 鳜鱼治净，用刀在鱼背上划几刀；豌豆煮熟；冬笋洗净切丁。
2. 锅中倒油烧热，倒入鳜鱼煎炸至浅黄色捞起控油。
3. 锅中倒油烧热，放入红辣椒煸香，加醪糖汁、糖、酱油、鲜汤、豌豆、冬笋丁翻炒，将鳜鱼回锅，烧至汤干即可。

黄鱼烧萝卜

材料 黄鱼、白萝卜、羊排、香菜各适量

调料 盐3克，干辣椒15克，料酒5克，醋10克，鸡汤30克，糖适量

做法

1. 黄鱼治净，鱼背划刀，加入料酒、盐腌渍；白萝卜去皮，洗净，切块；羊排洗净，砍块。
2. 锅中加水、羊排、干辣椒、白萝卜、盐，烧至萝卜软熟后，捞出羊排、萝卜，装盘。
3. 锅中倒油烧热，下入黄鱼、料酒、醋、糖、盐、鸡汤，熟后装盘，撒上香菜。

臭豆腐烧鳜鱼

材料 鳜鱼300克，臭豆腐200克

调料 葱末15克、红椒末20克、红尖椒2个、胡椒粉、盐、料酒、姜汁、淀粉、糖、酱油、红油、味精各适量

做法

1. 鳜鱼治净，用盐、胡椒粉、料酒、姜汁腌渍。
2. 鳜鱼肚内放入臭豆腐，沾上淀粉上浆，放入油锅中炸至金黄色捞出。
3. 锅中倒红油烧热，倒入红尖椒、鳜鱼、葱、红椒炒匀，加糖、酱油、味精，用湿淀粉勾薄芡即可。

煎扒油菜黄花鱼

材料 黄花鱼300克，香菇30克，油菜300克

调料 葱、红椒各20克，盐3克，味精1克，淀粉6克

做法

1. 黄花鱼治净，划花刀，沾上淀粉；香菇去蒂洗净，切粒；红椒、葱洗净切碎；油菜洗净，焯水装盘；淀粉加水拌匀。
2. 锅中倒油烧热，倒入黄花鱼煎至金黄色，捞出。
3. 锅倒水烧热，倒入红椒、香菇、葱烧至熟，再加入盐、味精调味，最后用水淀粉勾芡，淋在鱼身上即成。

豆芽烧鳝段

材料 鳝鱼600克，笋条50克，豆芽150克

调料 酱油5克，醋4克，料酒少许，高汤200克，盐、糖、葱、姜、干辣椒各3克

做法

1. 鳝鱼治净切段，笋条洗净切成小条；豆芽洗净。
2. 热锅放葱、姜、干辣椒煸炒，放入鳝段、笋条、豆芽、高汤一起烧，再加入其他调味料。
3. 烧好收汁装盘。

适合人群 一般人均可食用，尤其适合男性。

专家点评 降低血糖

鳝鱼烧大肉

材料 鳝鱼、五花肉块各200克，油菜150克，香菇、竹笋各100克

调料 盐3克，红油10克，葱段、泡红椒各适量

做法

1. 鳝鱼治净，切段；香菇、竹笋均洗净，切片；油菜洗净，焯水后摆盘。
2. 油锅烧热，下鳝段爆炒，再入五花肉翻炒，放入香菇、竹笋、泡红椒、葱段同炒片刻。
3. 加水烧开，调入盐，淋入红油，起锅置于油菜上即可。

家常烧带鱼

材料 带鱼800克

调料 盐5克，葱白10克，料酒15克，蒜20克，淀粉30克，香油少许

做法

1. 带鱼治净，切块；葱白洗净，切段；蒜去皮，切片备用；淀粉加水拌匀。
2. 带鱼加盐、料酒腌渍5分钟，再抹一些干淀粉，下入油锅中炸至金黄色。
3. 添入水，烧熟后，加入葱白、蒜片炒匀，以水淀粉勾芡，淋上香油即可。

干烧带鱼

材料 带鱼350克，白萝卜、青豆、胡萝卜各50克

调料 葱10克，料酒、盐各3克，高汤、酱油各适量

做法

1. 带鱼去内脏洗净切块；白萝卜、胡萝卜洗净切丁；青豆泡水；葱洗净切碎。
2. 带鱼用料酒、酱油、盐拌匀，放入油锅炸至金黄色盛起。
3. 另起锅留底油烧热，下入青豆、白萝卜丁、胡萝丁炒匀，再下入带鱼，加高汤烧熟，撒上葱花即可。

红烧带鱼

材料 带鱼500克

调料 盐、糖各3克，料酒5克，葱、红辣椒、淀粉各10克，姜、蒜各适量

做法

1. 带鱼、葱洗净切段；红辣椒洗净切小块。
2. 带鱼用盐、料酒略腌，用葱、姜、蒜、盐、糖、料酒、淀粉调味汁。
3. 锅中倒油烧热，放入红辣椒炒香，倒入带鱼煎至金黄色，放入葱段翻炒。
4. 加入味汁，烧至汤汁浓稠即可。

鱿鱼烧茄子

材料 鲜鱿鱼、茄子各250克

调料 盐2克，酱油、红椒、青椒、高汤各适量

做法

1. 将鲜鱿鱼洗净，切片；茄子去皮，洗净，切块；红椒、青椒洗净，去籽切片。
2. 锅中油烧热，放入鲜鱿鱼、茄子、红椒、青椒，翻炒片刻。
3. 最后放入盐、酱油、高汤，烧至熟透即可。

专家点评 益气补虚

甲鱼烧鸡

材料 甲鱼1只，子母鸡1只

调料 姜5克，葱段8克，熟猪油15克，胡椒粉、盐、料酒、水淀粉、香油、糖色各适量

做法

1. 甲鱼治净，切大块；鸡宰杀洗净，入沸水煮至八成熟取出切块。
2. 甲鱼、鸡块过油，捞出备用。
3. 锅中注入熟猪油烧热，姜、葱炝锅，放入鸡块煸炒，加入胡椒粉、盐、料酒、糖色炒匀，下甲鱼烧熟，水淀粉勾芡，淋入香油即可。

干捞粉丝虾煲

材料 鲜虾、粉丝各350克，洋葱50克

调料 青椒、红椒各20克，料酒、蚝油、盐各3克，老抽4克，鸡精2克

做法

1. 鲜虾剪去须、刺，洗净；洋葱洗净切小块；青椒、红椒洗净切丝；粉丝泡软，剪断。
2. 锅倒油烧热，倒入虾翻炒至变色，加入料酒、蚝油、老抽炒匀，倒入水，放入粉丝、洋葱、青椒、红椒，烧至收干汤汁。
3. 调入盐、鸡精，入味即可。

葱烧海参

材料 大葱150克，水发海参250克

调料 盐、酱油各3克，料酒、淀粉各9克，味精1克，蚝油20克

做法

1. 水发海参洗净，切成长条状，氽水后捞出；大葱洗净切成片状；淀粉加水拌匀。
2. 炒锅中倒油烧热，放入大葱炒香，倒入海参煸炒。
3. 调入味精、盐、料酒、酱油、蚝油，烧至海参软，用水淀粉勾芡，浇在海参上即可。

蒸菜

——软糯细嫩最营养

蒜蓉粉丝娃娃菜

材料 粉丝300克，娃娃菜350克

调料 蒜20克，葱15克，鸡汤200克，盐3克，香油10克

做法

1. 粉丝泡软，洗净，装在盘底；娃娃菜一剖为四，洗净，放在粉丝上；蒜去皮，洗净，剁成蓉；葱洗净，切碎。
2. 炒锅中倒油烧热，放入蒜蓉、盐炒香，淋在娃娃菜上，再入鸡汤。
3. 蒸25分钟，熟后撒上葱花，淋上香油即可。

佛手芽白

材料 大白菜适量

调料 盐3克，醋5克，红椒5克，香油6克

做法

1. 大白菜洗净，切成条状；红椒洗净切碎。
2. 将大白菜装盘，摆成佛手状。
3. 放入盐、醋，撒上红椒上蒸笼蒸至熟，淋上香油即可。

大厨献招 大白菜切条时要切得均匀整齐。

适合人群 一般人都可食用，尤其适合女性。

专家点评 排毒瘦身

鲜贝素冬瓜

材料 鲜贝30克，豌豆10克，冬瓜300克，蛋清5克

调料 盐3克，红椒2克，淀粉10克

做法

1. 鲜贝洗净，切丁；冬瓜洗净，去皮切块；豌豆洗净；红椒洗净切丝。
2. 冬瓜排入盘中，撒上鲜贝、豌豆和红椒；淀粉加水拌匀，倒入蛋清搅散，倒在冬瓜上。
3. 整盘送入蒸锅，隔水大火蒸约15分钟至熟即可。

蜂蜜蒸老南瓜

材料 南瓜500克，红枣300克，百合15克，葡萄干15克

调料 蜂蜜20克

做法

1. 南瓜削去外皮，洗净切片；红枣、百合、葡萄干分别洗净。
2. 将南瓜片整齐地摆入盘中，旁边摆上红枣，上面撒上百合、葡萄干。
3. 淋上蜂蜜，入笼蒸25分钟至酥烂即可。

专家点评 益气补虚

高汤海味奶白菜

材料 奶白菜400克，腊肉50克，竹笋50克，香菇20克，虾仁20克

调料 高汤适量

做法

1. 奶白菜洗净沥干，竖切成4瓣，装盘；腊肉洗净切片；香菇泡发，洗净切块；虾仁泡发洗净；竹笋洗净，切丝。
2. 将腊肉、香菇、虾仁、竹笋摆在奶白菜上；高汤均匀浇在盘中。
3. 将奶白菜放入蒸锅蒸8分钟即可。

米椒蒸娃娃菜

材料 娃娃菜600克，米椒50克

调料 盐4克，味精2克，生抽15克，蒜20克，葱、红椒各适量

做法

1. 娃娃菜洗净，沥干水分，装盘备用；米椒治净切末，撒在娃娃菜上。
2. 蒜、葱、红椒洗净切末，放入用盐、味精、生抽调成的味汁，调匀后浇在娃娃菜上。
3. 将盘子置于蒸锅中蒸5分钟即可。

葡萄干土豆泥

材料 土豆200克，葡萄干1小匙

调料 蜂蜜少许

做法

1. 把葡萄干放入温水中泡软后切碎。
2. 把土豆洗干净后去皮，然后放入容器中上锅蒸熟，趁热做成土豆泥。
3. 将土豆做成泥后与碎葡萄干一起放入锅内，加2小匙水，用微火隔水蒸，熟时加入蜂蜜。

专家点评 补血养颜

适合人群 尤其适合女性

白菜卷

材料 猪肉300克，白菜300克

调料 蒜末10克，盐3克，味精1克，酱油2克

做法

1. 猪肉洗净剁成末，加入蒜末、盐和味精拌匀成馅。
2. 白菜洗净，沥干，平铺好，裹上猪肉馅，卷成卷。
3. 淋上酱油，放入蒸锅用大火蒸熟即可。

大厨献招 馅中可加少许葱末，风味更佳。

专家点评 益气补虚

梅菜扣肉

材料 五花肉500克，梅菜、高汤、荷叶饼各适量

调料 淀粉、老抽各10克，白糖20克，蒜末3克，姜、八角各适量

做法

1. 梅菜洗净；五花肉加入姜、八角在沸水中煮30分钟。
2. 热锅热油，放入五花肉，把猪皮的一面煎成金黄色，再倒入老抽上色；出锅将肉切片。
3. 锅中倒油，蒜爆香，放入梅菜、糖炒匀，加入高汤烧5分钟；把梅菜放在肉上，用火蒸1小时，食用时配荷叶饼即可。

糯米蒸排骨

材料 糯米100克，排骨300克

调料 盐2克，酱油3克，蒸肉粉20克

做法

1. 糯米洗净，浸泡后沥干；排骨洗净剁块，抹上盐腌至入味。
2. 糯米中倒入酱油、蒸肉粉拌匀，将排骨均匀地沾上糯米。
3. 将沾好糯米的排骨送入蒸锅蒸熟即可。

适合人群 尤其适合女性。

专家点评 益气补虚

豉汁排骨蒸菜心

材料 菜心300克，排骨200克，豆豉适量

调料 葱、红椒各5克，盐2克，酱油10克

做法

1. 排骨洗净，剁成小块，用盐、豆豉腌至入味；菜心择好洗净；葱、红椒分别洗净切碎。
2. 将菜心整齐地码入盘中，上面铺排骨。
3. 放入蒸锅蒸20分钟，至熟后取出，淋上酱油，撒上葱花、红椒碎即可。

大厨献招 滴上香油，风味更佳。

专家点评 补脾健胃

味菜蒸大肠

材料 猪大肠300克，酸菜100克，橄榄菜20克

调料 青椒、红椒各30克，盐3克，豆豉10克

做法

1. 猪大肠洗净切段，抹上盐腌至入味；酸菜切段；青椒、红椒分别切圈。
2. 猪大肠用水略加冲洗，放入盘中，加入酸菜、橄榄菜、青椒、红椒、豆豉和盐拌匀。
3. 放入蒸锅，大火蒸约20分钟，至熟即可。

大厨献招 蒸菜时间不可过长，否则猪肠易老。

专家点评 开胃消食

京华卤猪蹄

材料 猪蹄1000克

调料 盐3克，酱油50克，冰糖30克，花椒10克，八角5克，桂皮、料酒、高汤各适量

做法

1. 猪蹄洗净，剁成块，入开水汆烫，捞出备用。
2. 油锅烧热，放入冰糖、花椒、八角、桂皮，放入猪蹄炒一下，再放入蒸笼大火蒸烂，取出装盘。
3. 起锅放入高汤、酱油、盐、料酒煮开，淋在猪蹄上即可。

专家点评 增强免疫

花生蒸猪蹄

材料 猪蹄500克，花生米100克，红椒10克

调料 盐5克，酱油 5 克

做法

1. 猪蹄治净，砍成段；花生米洗净；红椒洗净切片。
2. 将猪蹄入油锅中炸至金黄色后捞出，盛入碗内，加入花生米，用酱油、盐、红椒拌匀。
3. 再上笼蒸1小时至猪蹄肉烂骨离即可。

适合人群 尤其适合男性食用。

专家点评 养心润肺

开胃猪蹄

材料 猪蹄450克，泡椒、青椒、红椒各40克

调料 味精、盐各5克，香油8克，花椒油15克，鲜汤500克

做法

1. 青椒、红椒均洗净，切圈。
2. 猪蹄治净，入沸水汆去血水，捞出控干水分，然后入蒸笼大火蒸烂，取出剁块装盘。
3. 起锅放入鲜汤，加入味精、盐调味，放入泡椒、青椒、红椒、香油、花椒油烧开，淋在猪蹄上即可。

专家点评 美容养颜

豆花腊肉

材料 豆花300克，腊肉400克

调料 干辣椒、蒜、酱油、姜各5克，花椒、郫县豆瓣酱、葱各10克，糖3克，高汤300克

做法

1. 豆花切条；腊肉洗净切片；葱、姜、蒜洗净切成末。
2. 锅中倒油烧热，放入葱、姜、蒜末，干辣椒、花椒煸炒，放入郫县豆瓣酱炒出红油，淋酱油炝锅，倒入高汤，加入糖拌匀，汤汁烧沸。
3. 将原材料装盘蒸约8分钟后，淋上汤汁即可。

金针菇烟肉卷

材料 金针菇150克，烟肉100克，油菜150克

调料 盐3克

做法

1. 将金针菇洗净；烟肉洗净，切薄片；油菜洗净。
2. 将金针菇放入烟肉中，卷好，再放入油菜，调入盐、油拌匀。
3. 锅中烧热水，将菜放入锅中蒸熟即可。

适合人群 尤其适合儿童。

专家点评 提神健脑

咸肉冬笋蒸百叶

材料 咸肉、冬笋、豆皮各300克，香菇100克

调料 鸡精、胡椒粉、盐、水淀粉、香油各适量

做法

1. 咸肉切薄片；冬笋洗净，切片，焯烫；豆皮洗净，打结，入开水焯烫后捞出；香菇去蒂，泡发洗净，放开水焯烫后捞出。
2. 冬笋片、豆皮结装盘，上面盖上咸肉片，放上香菇，加入油、鸡精、胡椒粉、盐、水，放蒸锅蒸约10分钟后取出。
3. 用水淀粉勾薄芡，淋上香油即可。

菜干蒸羊肉

材料 菜干50克，带皮羊肉400克，蒜薹30克

调料 盐3克，酱油5克，番茄酱5克，红椒5克

做法

1. 羊肉洗净切片，抹酱油和盐腌渍；红椒洗净切丁；蒜薹洗净切末；菜干泡发洗净，切碎。
2. 将羊肉皮朝下放入盘中，铺上菜干，入锅蒸25分钟后，倒扣取出。
3. 油锅烧热，下入蒜薹末、红椒丁、番茄酱炒熟，出锅淋在羊肉上即可。

专家点评 增强免疫

招牌羊肉丸

材料 羊肉350克，油菜200克

调料 葱100克，红辣椒粉10克，盐、胡椒粉各3克，红糖15克

做法

1. 羊肉洗净，剁成泥；葱洗净，切碎；油菜洗净，入开水焯烫后捞出，装盘。
2. 羊肉泥、葱花拌匀成馅，加入红辣椒粉、盐、胡椒粉调味，挤成丸子状，装盘，入蒸锅蒸熟后，取出。
3. 炒锅中倒油烧热，倒入红糖炒成汁，淋在羊肉丸上即可。

太白鸡

材料 鸡1只，鲜花椒30克，泡椒20克

调料 红油15克，盐、蒜、味精各5克，姜片、料酒、豆瓣酱、糍粑辣椒各10克，淀粉少许

做法

1. 将鸡宰杀，清洗干净，去内脏，用盐腌渍入味，入锅卤至熟待用。
2. 锅中下入红油、糍粑辣椒、泡椒、鲜花椒，加汤及淀粉以外其他调味料与鸡一起入蒸锅中蒸至熟烂。
3. 倒出原汁，勾芡，浇在鸡身上即可。

馋嘴鸡

材料 鸡肉400克

调料 盐3克，葱、姜各10克，红椒15克，醋、姜黄粉、酱油各适量

做法

1. 将鸡肉洗净，表面抹上姜黄粉；将葱、姜、红椒洗净，切碎，放入碗中，放入盐、醋、酱油，拌匀。
2. 将鸡肉放入锅中蒸熟，取出，切块。
3. 将备好的酱汁淋在鸡身上，腌渍半小时即可食用。

剁椒蒸乳鸭

材料 乳鸭500克，红剁椒20克

调料 葱、蒜各5克，红油、盐、醋各3克，酱油4克，料酒少许

做法

1. 将乳鸭宰杀干净，剖成两半，剁成大块，用料酒、盐、酱油、醋抹匀腌至入味，排入盘中摆放成型。
2. 葱、蒜洗净切碎，加红油拌匀，与剁椒一起淋在摆好的乳鸭上。
3. 整盘放入蒸锅，大火蒸约25分钟至熟即可。

梅菜扣鸭

材料 梅菜200克，鸭400克，油菜100克

调料 盐3克，味精3克，老抽30克，淀粉20克

做法

1. 将鸭治净切块，氽熟后捞出沥干；梅菜洗净，切段；油菜洗净，放入沸水中焯过待用。
2. 将熟鸭块排于碗底，放上洗好的梅菜，将盐、味精、老抽、淀粉调成汤汁，浇在上面。
3. 放入蒸锅内蒸20分钟左右取出倒扣，将油菜排在周围即可。

专家点评 增强免疫力

奶汤蒸芋头

材料 芋头300克，火腿250克，圣女果200克，油菜200克

调料 牛奶50克，糖6克

做法

1. 芋头去皮，洗净；火腿切片；圣女果洗净；油菜洗净，焯水。
2. 芋头入蒸锅蒸15分钟后，用勺挖成圆形待用。
3. 锅倒水烧沸，放入芋头、火腿煮至熟后，转小火，倒入圣女果、油菜同煮，然后加入牛奶、糖煮沸即可。

芋头大白菜

材料 芋头350克，大白菜300克

调料 盐3克，味精2克，胡椒粉2克，淀粉10克，香油5克，鲜汤50克

做法

1. 芋头去皮，洗净，用挖球器挖成球状；大白菜择洗干净。
2. 将大白菜与芋头一起装盘，放入蒸锅中隔水蒸25分钟，至熟后取出。
3. 将所有的调味料一起入锅中炒匀，起锅淋在菜身上即可。

美味白菜

材料 大白菜400克，红椒15克

调料 盐3克，味精、白糖、芥末膏各1克，白醋4克，干辣椒2克

做法

1. 大白菜去叶，把梗切成片，用盐水腌半小时后冲水；干辣椒制成辣椒油，红椒切成片。
2. 把盐、味精、白糖、芥末膏、辣椒油调成味汁。
3. 将冲过水的大白菜装入盘中，红椒片摆在上面，淋上味汁即可。

专家点评 养心润肺

浇汁豆腐

材料 豆腐250克，虾仁、瘦肉各100克，豌豆、水发木耳、胡萝卜、黄瓜各50克

调料 盐2克，鸡汤适量

做法

1. 将豆腐洗净，切块；豌豆、虾仁洗净；水发木耳洗净，撕开；瘦肉洗净，切片；胡萝卜、黄瓜洗净，切丁。
2. 锅中水烧热，放入豆腐蒸熟，取出；另起锅热油，倒入鸡汤，放入豌豆、虾、木耳、瘦肉、胡萝卜、黄瓜，加盐煮熟。
3. 将汤汁浇在豆腐上，即可。

百花酿香菇

材料 香菇200克，虾仁150克，胡萝卜15克

调料 高汤15克，料酒、淀粉各10克，盐3克，白胡椒粉5克

做法

1. 虾仁去肠泥用刀拍扁剁碎；胡萝卜洗净，切碎；香菇去蒂，用水泡软。
2. 虾仁拌入胡萝卜碎、料酒、盐、白胡椒粉、淀粉打至起胶。
3. 香菇中酿入虾仁，放入锅中蒸10分钟。
4. 另取锅，倒入高汤煮滚，加盐，勾芡即可。

豆腐蒸鱼干

材料 鱼干500克，菜心、油豆腐、黑木耳各适量

调料 青椒、红椒各30克，盐3克，味精1克，香油适量

做法

1. 鱼干洗净，切块；菜心洗净，切段；黑木耳泡发，洗净，焯水；青椒、红椒洗净。
2. 锅中倒油烧热，倒入鱼干炸至金黄色捞出；另起锅中倒油烧热，下入油豆腐炸熟捞出。
3. 菜心装盘，放上油豆腐、鱼干、黑木耳、青椒、红椒，入蒸锅盖上盖。
4. 加入盐、味精，蒸10分钟，淋上香油即可。

火腿乳鸽

材料 乳鸽2只，熟火腿片100克

调料 料酒、盐、味精、清汤、葱末、姜末各适量

做法

1. 将乳鸽治净，再下入开水锅内氽烫，捞出。
2. 乳鸽放入盘内，加葱末、姜末、料酒、盐、味精，上屉蒸至七成熟，取出，去骨头；将鸽肉放在汤碗内的一边，另一边放熟火腿片。
3. 将清汤倒入盛鸽肉的汤碗内，加盖，上笼蒸至鸽肉烂熟，取出即可。

太极鸳鸯蛋

材料 鸡蛋3个，鹌鹑蛋10个，菠菜50克

调料 盐、鸡精、香油各适量

做法

1. 菠菜洗净，留叶，剁蓉。
2. 鸡蛋打入碗，调少许盐、鸡精搅匀；鹌鹑蛋打入碗内，调入菠菜叶蓉、盐、鸡精拌匀。
4. 取盆，中间用蒸纸隔开，分别倒入鸡蛋液和鹌鹑蛋液，蒸约10分钟端出，最后淋上香油即可。

专家点评 养心润肺

蛋皮豆腐

材料 豆腐300克，鸡蛋4个，香菇、瘦肉各50克

调料 盐3克，胡椒粉5克，葱50克

做法

1. 将所有的材料洗净，葱切成丝，豆腐压碎，香菇、瘦肉切成末，拌入少许盐、胡椒粉调在一起。
2. 鸡蛋打散，调入盐、胡椒粉；平底锅中下油烧热，倒入鸡蛋液摊成蛋皮，取出。
3. 将调好味的材料包入蛋皮中，蒸约8分钟即可。

专家点评 提神健脑

节瓜粉丝蒸水蛋

材料 节瓜200克，粉丝20克，鸡蛋3个

调料 盐1克，鸡精1克，酱油3克，葱花10克，香油3克

做法

1. 鸡蛋打入碗中，加入80℃的热水、盐、鸡精搅匀；节瓜去皮洗净，切成丝；粉丝洗净泡发，切断。
2. 装蛋的碗上蒸锅，放入节瓜丝、粉丝，蒸约8分钟取出，撒葱花，淋酱油、香油即可。

专家点评 补血养颜

蚝干蒸蛋

材料 蚝干100克，鸡蛋2个

调料 盐3克

做法

1. 蚝干洗净汆水，捞起沥干。
2. 鸡蛋加1碗温盐水打成蛋液，以细滤网滤过，盛于蒸碗内。
3. 入蒸锅隔水蒸10分钟后，掀盖，将蚝干加入，续蒸10分钟即可。

适合人群 一般人都可食用，尤其适合儿童。

专家点评 提神健脑

干贝蒸蛋

材料 干贝50克，鸡蛋200克，虾仁100克

调料 葱8克，生抽5克，盐、糖各3克

做法

1. 鸡蛋打散；干贝泡软再撕成细丝；虾仁洗净；生抽和糖拌匀备用；葱洗净切碎。
2. 鸡蛋液中加入水、盐搅拌均匀，放入蒸锅蒸至六成熟时，撒上干贝及虾仁。
3. 再蒸4分钟，至熟后，取出撒上葱花即可，食用时可淋上拌好的汁。

专家点评 增强免疫

虾米蒸鸡蛋

材料 虾米200克，鸡蛋7个

调料 葱15克，红椒10克，盐、香油各3克

做法

1. 虾米浸泡发后洗净，切碎；取2个鸡蛋打散，加盐、水搅打均匀；葱、红椒洗净，切碎。
2. 鸡蛋液放入蒸锅内，蒸至六成熟时，打入剩余的全蛋，撒上虾米，蒸10分钟至熟。
3. 出锅，撒上葱花、红椒粒，淋上香油即可。

适合人群 尤其适合老年人

专家点评 提神健脑

咸蛋松花丸子

材料 猪肉400克，板栗肉100克，咸蛋黄50克

调料 盐3克，鸡精1克，生抽10克，淀粉5克

做法

1. 猪肉洗净，剁成肉末；咸蛋黄碾碎；板栗切碎。
2. 猪肉加咸蛋黄和盐、鸡精、淀粉拌匀，捏成丸子状，沾上板栗碎，放入盘中。
3. 倒入生抽，整盘放入蒸锅，以大火蒸约15分钟至熟即可。

适合人群 尤其适合老年人。

专家点评 保肝护肾

剁椒武昌鱼

材料 武昌鱼500克，剁椒20克

调料 葱20克，盐3克，红油5克，料酒少许

做法

1. 武昌鱼洗净去鳞去内脏，将鱼头剁下，鱼肉分切成块，抹上盐和料酒腌至入味，摆成造型放入盘中。
2. 葱洗净切碎，和剁椒、红油拌匀，淋到鱼身上。
3. 整盘放入蒸锅，大火隔水蒸约20分钟即可。

适合人群 一般人都可食用，尤其适合男性。

专家点评 增强免疫

圣女鱼丸

材料 鱼丸300克，油菜30克，圣女果50克

调料 盐2克，淀粉3克

做法

1. 鱼丸洗净沥干；油菜洗净焯熟，捞出摆放在盘中；圣女果洗净，填在油菜的间隔中。
2. 鱼丸放入蒸锅，淀粉加水和盐拌匀，浇在鱼丸上，放入蒸锅蒸约10分钟至熟。
3. 将蒸好的鱼丸倒在油菜和圣女果中间即可。

专家点评 增强免疫

雪峻号子鱼

材料 鱼350克，火腿100克

调料 青椒、红椒各15克，葱10克，料酒、酱油各5克，盐、糖各3克

做法

1. 鱼治净，去头和尾，肉切片，用盐、料酒腌渍入味；火腿切片；青椒、红椒和葱洗净，切碎。
2. 鱼头、鱼尾、鱼肉装盘，边缘摆火腿片，入锅蒸10分钟后，取出。
3. 油入锅烧热，倒入青椒、红椒炒香后，加入酱油、糖煮沸，浇在鱼面，撒上葱花即可。

豆花剁椒蒸鱼头

材料 鲢鱼头750克，豆花350克，剁椒50克

调料 姜5克，料酒6克，葱、盐各3克，酱油10克

做法

1. 鱼头洗净切成两半，用料酒、盐腌渍入味；葱、姜洗净切末。
2. 将豆花装入碗内，铺上鱼头，再盖上一层剁椒，入锅蒸20分钟至熟。
3. 取出后淋上酱油，再撒上葱、姜即可。

专家点评 提神健脑

风干鱼

材料 鲜鱼400克

调料 粗盐10克，花椒5克，红椒碎、葱末、酱油各适量

做法

1. 鱼洗净，去鳞、去内脏和鳃，纵向剖成两片；锅上火烧热，下入粗盐和花椒翻炒，然后出锅碾碎。
2. 将椒盐均匀地抹在鱼身上，挂在通风处晾至干透。
3. 吃时用温水将鱼洗净，撒上酱油，入锅蒸熟，撒上红椒碎和葱末即可。

煎蒸鲜黄鱼

材料 黄鱼500克

调料 青椒、红椒、姜、酱油各10克，清汤75克，香油5克，盐、料酒各3克，淀粉6克

做法

1. 黄鱼剖肚、去内脏洗净，划刀；青椒、红椒、姜洗净切丝。
2. 黄鱼用盐、料酒腌渍入味，沾上淀粉，锅中倒油烧热，放黄鱼煎至六成熟，装盘。
3. 撒上姜丝、椒丝，再加入酱油，上笼蒸熟取出，淋上香油即可。

美极小黄鱼

材料 小黄鱼400克

调料 盐3克，酱油、红椒、葱、香菜各5克，料酒、香油各适量

做法

1. 小黄鱼治净，切去头，鱼身加盐、酱油、料酒腌渍；红椒洗净切丝；葱、香菜分别洗净切碎。
2. 将小黄鱼装盘，放入蒸锅，隔水蒸20分钟至熟。
3. 取出淋上酱油、香油，再撒上红椒、葱、香菜即可。

川式清蒸鲜黄鱼

材料 黄鱼400克，肉末10克

调料 葱、辣椒各5克，豆豉15克，红油、芽菜各10克，盐适量

做法

1. 黄鱼洗净，去鳞去内脏，纵向剖成两半，抹上盐，放入蒸锅中蒸熟。
2. 葱、辣椒分别洗净切碎，下入热油锅中炸香，倒入肉末和豆豉炒熟。
3. 再倒入芽菜和红油炒匀，出锅倒在黄鱼上即可。

豆豉鲮鱼蒸茄子

材料 豆豉鲮鱼罐头300克，茄子500克

调料 青椒、红椒各10克，葱15克

做法

1. 茄子去皮，洗净切条状；青椒、红椒洗净切块；葱洗净切碎。
2. 茄子铺在盘上，盖上豆豉鲮鱼，倒入青椒、红椒。
3. 豆豉鲮鱼茄子放入蒸锅，大火蒸10~15分钟左右，撒上葱花即可。

专家点评 保肝护肾

碧绿百合鲜鲈鱼

材料 鲈鱼500克，干百合10克，西兰花50克

调料 盐、生抽各3克

做法

1. 干百合用水浸泡20分钟；鲈鱼去鳞洗净，切下鱼头、鱼尾，鱼身切成片，加盐腌渍；西兰花洗净，掰成小朵。
2. 将鲈鱼装盘，鱼片上盖上百合，西兰花摆在鱼身两侧。
3. 放入锅中以大火蒸8分钟，至熟后淋上生抽即可。

专家点评 保肝护肾

极品山珍鲈鱼

材料 鲈鱼400克，西兰花200克

调料 酸菜20克，葱末、彩椒丁各5克，盐2克，酱油适量

做法

1. 西兰花洗净烫熟沥干，摆入盘中；鲈鱼洗净，去鳞、鳃和内脏，打上花刀，用盐抹匀；酸菜洗净切碎。
2. 鲈鱼入锅蒸熟，出锅放在西兰花中。
3. 锅中倒油加热，下入酸菜、葱末、彩椒丁和酱油翻炒后，出锅倒在鲈鱼上即可。

鲫鱼蒸蛋

材料 鲫鱼300克，鸡蛋2个

调料 葱5克，盐3克，酱油2克

做法

1. 鲫鱼治净，切花刀，用盐、酱油稍腌；葱洗净切花。
2. 鸡蛋打入碗内，加少量水和盐搅散，把鱼放入盛蛋的碗中。
3. 将盛好鱼的碗放入蒸笼蒸10分钟，取出，撒上葱花即可。

适合人群 一般人都可食用，尤其适合老年人。

清蒸刀鱼

材料 刀鱼350克

调料 葱、红椒各10克，盐3克，酱油5克，料酒6克

做法

1. 刀鱼治净；葱洗净切丝；红椒去蒂去籽，洗净，切丝。
2. 刀鱼装盘，放上葱丝、红椒丝，加入盐、酱油、料酒腌渍15分钟。
3. 移入蒸锅用旺火蒸10分钟左右，鱼熟后取出即可。

专家点评 提神健脑

清蒸鲥鱼

材料 鲥鱼500克，胡萝卜、西芹各20克，香菇5克

调料 盐3克，辣椒油3克，醋1克

做法

1. 鲥鱼治净，剖开成两半；胡萝卜洗净，去皮切花形片；西芹洗净切花形片；香菇洗净。
2. 鲥鱼用盐、醋抹匀，腌至入味，放入盘中；鱼身上摆胡萝卜片和西芹片，放上香菇。
3. 淋上辣椒油，送入蒸锅，大火隔水蒸约20分钟至熟即可。

枸杞蒸鲫鱼

材料 鲫鱼1条，泡发枸杞20克

调料 姜丝、盐各5克，葱花6克，味精3克，料酒4克

做法

1. 将鲫鱼治净，用姜丝、葱花、盐、料酒、味精腌渍入味。
2. 将泡发好的枸杞子均匀地撒在鲫鱼身上。
3. 再将鲫鱼上火蒸至熟即可。

大厨献招 蒸鲫鱼时一定要把握好火候。

专家点评 保肝护肾

银鱼蒸丝瓜

材料 银鱼100克，丝瓜300克

调料 红椒5克，香菜2克，盐3克

做法

1. 银鱼洗净沥干；丝瓜洗净，去皮切段，均匀地抹上盐；红椒洗净切碎；香菜洗净。
2. 丝瓜摆放入盘，将银鱼倒在丝瓜上，撒上红椒和香菜。
3. 整盘放入蒸锅中，大火隔水蒸约15分钟至熟即可。

专家点评 保肝护肾

开胃鲈鱼

材料 鲈鱼600克

调料 盐3克，味精1克，醋12克，酱油15克，葱白、红椒、青椒各少许

做法

1. 鲈鱼治净；青椒、红椒、葱白洗净，切丝。
2. 用盐、味精、醋、酱油将鲈鱼腌渍30分钟，装入盘中，并撒上葱白、红椒、青椒。
3. 再将鲈鱼放入蒸锅中蒸20分钟，取出浇上醋即可。

专家点评 开胃消食

梅菜蒸鲈鱼

材料 鲈鱼1条，梅菜200克

调料 姜5克，葱6克，蚝油20克，盐少许

做法

1. 梅菜洗净剁碎；鲈鱼治净，用盐腌渍；姜、葱洗净切丝。
2. 梅菜内加入蚝油、姜丝一起拌匀，铺在鱼身上。
3. 再将鱼盛入蒸笼，蒸10分钟，取出，撒上葱丝即可。

专家点评 保肝护肾

特色蒸桂花鱼

材料 桂花鱼250克，火腿100克，香菇25克

调料 盐6克，味精3克，生抽2克，葱花10克

做法

1. 桂花鱼治净，切连刀块；香菇、火腿洗净切片。
2. 将香菇片、火腿片间隔地夹入鱼身内。
3. 在鱼身上抹上盐、味精，上锅蒸熟，撒上葱花，淋上生抽即可。

专家点评 排毒瘦身

雪里蕻蒸黄鱼

材料 大黄鱼1条，雪里蕻100克

调料 盐5克，味精2克，料酒10克，葱1棵，姜10克，辣椒圈适量

做法

1. 将大黄鱼宰杀洗净装入盘；葱洗净切花；姜洗净去皮切丝；雪里蕻洗净切碎。
2. 在鱼盘中加入雪里蕻、盐、味精、料酒、葱花、姜丝、辣椒圈。
3. 放入蒸锅内蒸8分钟，取出即可。

专家点评 开胃消食

一品鳝丝

材料 鳝鱼400克，包菜200克

调料 盐3克，番茄酱20克

做法

1. 鳝鱼治净，去骨切丝，抹上盐拌匀腌至入味；包菜洗净沥干。
2. 鳝鱼丝用包菜包裹起来，淋上番茄酱。
3. 送入蒸锅，大火隔水蒸约20分钟至熟即可。

大厨献招 用包菜包裹鳝丝时可用牙签固定住，蒸至熟软后再拔出。

专家点评 增强免疫

墨鱼蒸丝瓜

材料 黑鱼300克，丝瓜300克

调料 XO酱15克，青椒、红椒各10克，香油5克

做法

1. 墨鱼治净；丝瓜去皮，洗净，切成小段；青椒、红椒，去蒂去籽，切成丝。
2. 丝瓜摆入盘中，放上墨鱼，倒入XO酱，撒上青椒、红椒丝，然后放入蒸锅。
3. 大火隔水蒸10分钟后取出，淋上香油即可。

适合人群 一般人都可食用，尤其适合女性。

专家点评 养心润肺

蒜蓉墨鱼仔

材料 墨鱼仔450克

调料 蒜30克，剁椒、葱各15克，盐3克，料酒适量

做法

1. 墨鱼仔治净，入沸水氽熟后捞出，沥干水分；蒜去皮，洗净，剁成蓉；葱洗净，切碎。
2. 墨鱼仔装盘，放入蒸锅蒸7~8分钟后，取出。
3. 锅中倒油烧热，下入蒜蓉炒出香味后分别倒在墨鱼仔上，加入料酒，并放上剁椒、葱花，加盐调味即可。

专家点评 益气补虚

一品大白菜

材料 大白菜300克，虾仁50克

调料 青椒、红椒各5克，盐3克，淀粉10克

做法

1. 大白菜洗净切段；虾仁洗净；青椒、红椒分别洗净切碎；淀粉加水拌匀。
2. 将白菜放入盘中，倒入虾仁、青椒和红椒，加盐拌匀，倒入水淀粉。
3. 将盘送入蒸锅，大火隔水蒸约15分钟至熟即可。

专家点评 养心润肺

蒜蓉开边虾

材料 鲜虾350克

调料 大蒜20克，葱15克，料酒6克，酱油、盐各5克

做法

1. 鲜虾挑去肠泥，洗净，再将虾身剖开，加盐腌渍；蒜去皮，洗净，剁成蓉；葱洗净，切碎。
2. 鲜虾装盘，淋入料酒，撒上蒜蓉，入蒸锅旺火蒸10分钟至熟。
3. 取出，淋上酱油，撒上葱花即可。

专家点评 增强免疫

剁椒虾

材料 鲜虾400克，剁椒20克

调料 姜、葱各10克，盐3克，料酒1克

做法

1. 鲜虾洗净剥好，留尾壳，用盐和料酒腌至入味；葱洗净剁碎；姜洗净，去皮切丝。
2. 将姜丝垫在盘底，鲜虾整齐地叠放入盘中，撒上剁椒。
3. 整盘放入蒸锅蒸约15分钟至熟，出锅撒上葱末即可食用。

专家点评 保肝护肾

豆花虾仁

材料 虾仁300克，豆花100克，酥黄豆30克，鸡蛋50克

调料 盐3克，酱油6克，葱5克

做法

1. 虾仁洗净，用盐、鸡蛋清腌渍；葱洗净切末。
2. 豆花装入盘中，放上虾仁，在表面撒上酥黄豆。
3. 转入蒸锅，以大火蒸8分钟，熟后，取出淋上酱油，再撒上葱花即可。

虾仁蒸水蛋

材料 鸡蛋200克，虾仁、蟹肉棒各100克，豌豆50克

调料 盐3克

做法

1. 鸡蛋打散成蛋液；虾仁治净；蟹肉棒切段；豌豆洗净沥干。
2. 蛋液加盐和适量水拌匀，倒入盘中，放上虾仁、蟹肉棒和豌豆。
3. 整盘放入蒸锅中，大火隔水蒸约10分钟至熟即可。

鲜虾芙蓉蛋

材料 鲜虾50克，鸡蛋150克

调料 盐1克，酱油、香菜各3克

做法

1. 鲜虾治净，切去头部，剥壳留尾壳；鸡蛋加水打散成蛋液；香菜洗净。
2. 蛋液加盐和酱油及适量水拌匀，放入鲜虾。
3. 送入蒸锅中大火蒸约8分钟至熟，出锅撒上香菜即可。

专家点评 增强免疫

清蒸大闸蟹

材料 大闸蟹8只

调料 酱油、小葱花、香醋各50克，糖、姜末、香油各20克

做法

1. 将蟹逐只洗净，上笼蒸熟后取出，整齐地装入盘内。
2. 将葱花、姜末、醋、糖、酱油、香油调成蘸料，分装小碟。
3. 将蒸好的蟹连同小碟蘸料、专用餐具上席即可。

蒜蓉蒸蛏子

材料 蛏子700克，粉丝300克，蒜头100克

调料 生抽6克，鸡精2克，盐4克，葱花15克，香油适量

做法

1. 蛏子对剖开，洗净；粉丝用温水泡好；蒜头去皮剁成蒜蓉备用。
2. 油锅烧热，放入蒜蓉煸香，加生抽、鸡精、盐炒匀，浇在蛏子上，粉丝也放在蛏子上。
3. 撒上葱花，淋上香油，入锅蒸3分钟即可。

专家点评 增强免疫

炖菜
——味美汤鲜最适口

双蛋浸芥菜

材料 咸蛋、皮蛋各50克，草菇100克，西红柿30克，芥菜200克

调料 盐2克，香菜3克，高汤600克

做法

1. 咸蛋、皮蛋分别去壳切块；草菇、西红柿分别洗净切块；芥菜洗净切段；香菜洗净切碎。
2. 锅中倒入高汤煮沸，下入芥菜和草菇煮熟，倒入咸蛋、皮蛋、西红柿再次煮沸。
3. 下入盐调味，撒上香菜即可。

酥肉炖菠菜

材料 猪肉、菠菜各300克

调料 盐3克，鸡精2克，蛋清1个，淀粉20克

做法

1. 猪肉洗净，切片，加入盐、鸡蛋清、淀粉拌匀，下入油锅中炸至外皮酥脆即捞出沥油；菠菜择洗干净，切成段。
2. 另起锅加油烧热，放入酥肉稍炒后，倒入高汤炖至熟软，再倒入菠菜煮熟。
3. 加入盐、鸡精调味，起锅即可。

专家点评 补血养颜

农家大炖菜

材料 鸡、胡萝卜、白萝卜、油豆角、玉米各适量

调料 盐3克，料酒5克

做法

1. 鸡治净，剁成块；白萝卜、胡萝卜去皮，洗净，斜切成块；油豆角去筋，洗净，焯水后捞出；玉米洗净，切成小段。
2. 锅中倒油烧热，倒入鸡块煸炒至白色后，放入清水和料酒，下入玉米、胡萝卜、白萝卜、油豆角一起炖煮2小时。
3. 待汤收干汁后，加盐调味起锅装盘即可。

丰收一锅出

材料 金瓜100克，玉米300克，排骨300克，豆角100克

调料 葱3克，盐4克，鸡精2克

做法

1. 金瓜洗净，去皮切块；玉米洗净切段；排骨洗净剁成块；豆角洗净切段；葱洗净切末。
2. 锅中倒水烧热，下入所有原材料，炖约40分钟至熟。
3. 加盐和鸡精调味，撒上葱花即可出锅。

专家点评 增强免疫

杂蘑炖排骨

材料 滑子菇、牛肝菌、平菇各100克，猪排骨350克

调料 香菜30克、生抽、盐各3克，鸡精2克，料酒15克，香油、醋各适量

做法

1. 猪排骨洗净，剁成块；牛肝菌洗净，切成片；滑子菇去蒂，洗净；平菇洗净，撕成片；香菜洗净，切段。
2. 锅中倒油烧热后，倒入排骨炒至变色后，加入水、料酒烧开，加入醋，炖至排骨软而不烂后，加入菌类，炖至熟透。
3. 加入其余调味料后，淋上香油，撒上香菜即可。

湘味牛腩煲

材料 牛腩500克，黄瓜300克

调料 生抽、冰糖各6克，料酒5克，盐3克，鸡精1克，豆瓣酱适量

做法

1. 牛腩洗净，剁成块，入开水汆烫后捞出；黄瓜去皮，洗净，切段。
2. 锅中倒油烧热，放入豆瓣酱炒香后，倒入牛腩块同炒，烹入料酒炒至入味。
3. 加入生抽、冰糖、热水没过牛肉，烧开后将牛肉移入煲内小火炖至稍软，将黄瓜围在四周，加盐和鸡精调味即可。

炖牛肚

材料 牛肚300克

调料 小茴香3克，料酒、酱油各5克，醋、盐各3克，花椒适量

做法

1. 牛肚洗净，放入沸水中略煮片刻，取出，剖去内皮，用凉水洗净，切成长方块。
2. 小茴香、花椒装入纱布袋备用。
3. 锅加火烧热，放入牛肚条、纱布袋，加入酱油、料酒、醋、盐，炖至牛肚熟烂，取出纱布袋即成。

牛肉米豆腐

材料 牛肉350克，米豆腐350克，黑木耳200克

调料 葱15克，盐3克，生抽、糖各6克，料酒、酱油各5克

做法

1. 牛肉洗净，切块，汆烫；米豆腐洗净，切块，放入盐开水中浸泡；黑木耳泡发洗净，撕片；葱洗净，切碎。
2. 锅烧热，放牛肉炒至无水后，烹入料酒煸炒，再加入水，煮至牛肉软烂后放入其余调料调味。
3. 放入食材后炖10分钟，撒上葱花即可。

虎皮尖椒煮豆角

材料 尖椒200克，豆角300克

调料 蒜20克，醋10克，糖、酱油各6克，酒5克

做法

1. 尖椒洗净，切去两端；豆角洗净切成长短一致的段；醋、糖、酱油、酒调成味汁。
2. 锅烧热，倒入尖椒、豆角分别炸至呈虎皮状，再煸炒盛起。
3. 锅中倒油烧热，倒入豆角、尖椒，加入味汁煮熟即可。

专家点评 排毒瘦身

翠塘豆腐

材料 豆腐200克，青菜100克，虾仁150克

调料 盐3克，淀粉15克，红椒20克

做法

1. 将豆腐洗净，切丁；青菜、红椒洗净，切碎；虾仁洗净，切碎；淀粉加水拌匀。
2. 锅中倒油烧热，放入豆腐、青菜、虾仁、红椒，煮至八成熟。
3. 再调入盐，最后用水淀粉勾芡即可。

大厨献招 豆腐易碎，煮时要注意力度。

专家点评 排毒瘦身

砂锅豆腐

材料 海参、鱿鱼、虾仁各50克，白菜、火腿各100克，豆腐300克，粉丝30克

调料 盐3克，葱末2克

做法

1. 海参洗净切片；鱿鱼、白菜、火腿分别洗净切片，打上花刀；虾仁洗净；豆腐洗净切块；粉丝泡发后沥干。
2. 锅中倒水烧热，下入所有原材料煮熟。
3. 加盐调味，出锅撒上葱末即可。

专家点评 益气补虚

东北浓汤大豆皮

材料 大豆皮200克，肥肉100克

调料 盐3克，红椒20克，高汤300克

做法

1. 将大豆皮、肥肉、红椒洗净，切条。
2. 锅中加油烧热，放入大豆皮、肥肉、红椒翻炒至熟。
3. 倒入高汤，煮至熟软，最后调入盐即可。

大厨献招 因为肥肉会出油，所以不用再加太多的油。

专家点评 养心润肺

野菌煲

材料 香菇、竹笋各200克，平菇100克，高汤500克

调料 盐2克，红枣、枸杞各5克

做法

1. 香菇、平菇分别洗净切块；竹笋洗净切片；红枣、枸杞分别洗净。
2. 锅中倒入高汤烧开，下入香菇、平菇、红枣、枸杞煲熟。
3. 下盐调味，再次煮沸后即可出锅。

专家点评 排毒瘦身

扬州煮干丝

材料 豆干400克，火腿100克，干虾仁50克，青菜50克，高汤适量

调料 猪油30克，盐2克，料酒3克

做法

1. 将豆干洗净，切细丝，放入加了盐的沸水中焯烫后捞出沥干；青菜、虾仁分别洗净；火腿切丝。
2. 锅烧热，放猪油融化，加高汤，下豆干丝烧沸，加盐和料酒煮至豆干丝涨发。
3. 下青菜和虾仁煮熟，将豆干丝连汤倒在汤盆里，撒上火腿丝即可。

青菜豆花

材料 青菜350克，豆花400克，榨菜100克

调料 盐3克，香油5克

做法

1. 青菜择洗干净，切碎；榨菜洗净，切碎。
2. 锅倒水烧开，加入盐，倒入豆花搅散后，倒入青菜碎煮至软。
3. 起锅后淋上香油，撒上榨菜即可。

大厨献招 水开后再加盐，要用文火煮青菜，可保存菜里的维生素C。

专家点评 提神健脑

三菇豆花

材料 香菇、草菇、平菇各50克，豆花300克

调料 葱5克，干辣椒、青椒各10克，酱油3克，盐、蚝油各2克

做法

1. 三菇分别洗净切块；葱、干辣椒分别洗净切段；青椒洗净切片。
2. 锅中倒油烧热，下入三菇炒熟，下葱段、干辣椒、青椒炒匀。
3. 下盐、酱油和蚝油调味，加适量水煮开，下入豆花煮沸即可。

专家点评 排毒瘦身

银锅金穗排骨

材料 玉米200克，排骨350克

调料 洋葱、盐各5克，辣椒10克，红油20克

做法

1. 玉米洗净切块；排骨洗净剁块，抹盐腌至入味；洋葱洗净切丝；辣椒洗净切碎。
2. 锅中倒油烧热，下入排骨炒至断生，再下入玉米，加水煮熟。
3. 下盐和辣椒调味，倒入红油，撒上洋葱丝即可。

专家点评 益气补虚

黄豆猪蹄煲

材料 黄豆200克，猪蹄300克，生菜20克

调料 葱花、黄豆酱各3克，生抽、老抽各适量，冰糖2克，茴香1克

做法

1. 猪蹄洗净剁大块，入沸水氽熟备用；黄豆、生菜分别洗净沥干。
2. 锅中倒油烧热，下入猪蹄，加生抽、老抽、黄豆酱翻炒上色，加入黄豆、冰糖和茴香，倒入适量水，焖煮至汁水将干。
3. 生菜垫在碗底，倒入黄豆猪蹄，撒上葱花即可。

腊八豆猪蹄

材料 猪蹄250克，油菜150克，腊八豆50克

调料 盐3克，葱20克，酱油适量，冰糖10克

做法

1 将猪蹄洗净，切块；油菜洗净；葱洗净，切碎。

2 锅中烧热水，放入猪蹄汆烫片刻，捞起。另起锅，油烧热，放入酱油、冰糖炒溶。

3 放入猪蹄，倒入水焖煮，再放入油菜、腊八豆炒熟，最后调入盐，撒上葱花即可。

专家点评 增强免疫

醋香猪蹄

材料 猪蹄300克，黄豆50克

调料 盐3克，醋15克，老抽10克，红油少许

做法

1 猪蹄刮洗干净，切块；黄豆洗净，浸泡，煮熟装入碗中待用。

2 锅内注水烧沸，放入猪蹄煮熟后，捞起沥干装碗，再加入少量盐、醋、老抽、红油拌匀腌渍30分钟后，捞起装盘。

3 向装黄豆的碗中加剩余的盐、醋、老抽、红油拌匀，装盘即可。

卤煮火锅

材料 猪肠、豆腐、牛肉各200克，烧饼150克

调料 鲜汤200克，酱油10克，盐3克，味精2克，料酒、香油各适量

做法

1 猪肠洗净，切成小段；豆腐焯水后，切成长条状；烧饼撕成片；牛肉切成厚片。

2 砂锅加入鲜汤、酱油、料酒煮开，加入猪肠、牛肉、豆腐用慢火炖熟后，放入烧饼略煮片刻。

3 加入盐、味精、香油调味，盛盘淋入香油即可。

茶树菇土鸡煲

材料 茶树菇150克，土鸡肉400克，红枣50克，枸杞30克

调料 盐5克，料酒适量

做法

1. 将茶树菇洗净，切成段；土鸡肉洗净，切成块，放入盐、料酒腌至入味；红枣、枸杞洗净备用。
2. 煲中倒水烧热，再放入所有原料，煮熟。
3. 最后调入盐即可。

专家点评 益气补虚

醋椒农家鸡

材料 净鸡500克

调料 醋、淀粉各8克，姜5克，泡红辣椒20克，盐、酱油各3克，鸡精1克，高汤600克

做法

1. 净鸡洗净切成宽条，用鸡精、淀粉、盐拌匀腌渍入味；泡红辣椒、姜洗净切碎。
2. 锅中倒油烧热，加入泡红辣椒炒香，倒入高汤、姜、酱油、醋调匀，倒入鸡肉，煮至变色。
3. 调入盐、鸡精煮至入味即可。

专家点评 开胃消食

红焖土鸡

材料 净土鸡600克

调料 料酒、盐各3克，姜、生抽、老抽各5克，蒜、辣椒酱各10克，糖6克

做法

1. 净土鸡洗净切块；姜洗净切片；蒜洗净分成瓣。
2. 鸡块用姜、料酒、盐、生抽抓匀，腌渍入味；锅中倒油烧热，放入辣椒酱爆香，放入鸡块煸炒至肉收缩，倒入水，焖煮至肉酥。
3. 加入蒜、盐、糖、老抽煮至入味即可。

钵钵羊肉肥牛

材料 羊肉、肥牛各250克，莴笋50克

调料 香菜15克，辣椒粉10克，盐3克

做法

1. 将羊肉、肥牛洗净，切片；莴笋洗净，去皮，切丝；香菜洗净，切段。
2. 炒锅倒油烧热，下入辣椒粉炒香，再加羊肉、肥牛、莴笋丝一起翻炒至水分全干。
3. 掺入适量水，煮至各材料均熟，调入盐，撒上香菜即可。

专家点评 增强免疫

酸菜莴笋煮牛肉

材料 酸菜250克，莴笋300克，牛肉、香菜叶各适量

调料 红泡椒30克，姜片15克，料酒5克，白胡椒粉3克，盐4克

做法

1. 酸菜洗净，切段；莴笋去皮洗净，切片；牛肉洗净，切片；香菜洗净。
2. 锅中倒油烧热，放入牛肉炒熟；另起锅倒入清水，加入姜片、红泡椒、料酒，放入酸菜烧开后，加入莴笋片煮熟，牛肉回锅煮至汤浓。
3. 加入白胡椒粉、盐，撒上香菜叶起锅即可。

竹网小椒牛肉

材料 牛肉300克，腰果80克

调料 盐3克，白芝麻15克，青椒适量，胡椒粉适量，干红辣椒50克

做法

1. 牛肉洗净，切片，加盐腌渍片刻，在其表面裹上一层胡椒粉备用；干红辣椒洗净，切段；青椒去蒂洗净，切段。
2. 锅中倒入油烧热，入牛肉炸至熟后，捞出控油。
3. 锅中留少许油，入腰果、干红辣椒、白芝麻、青椒炒香，放入炸好的牛肉炒匀，盛入盘中的竹网即可。

香菜牛肉丸

材料 牛肉300克，青菜、香菜各200克

调料 盐3克，味精2克，淀粉10克，生抽5克，糖、红醋各6克

做法

1. 牛肉洗净，剁成泥；香菜洗净，切碎；青菜择洗干净，焯烫。
2. 牛肉装碗，加入盐、味精、糖、水、淀粉、香菜碎，搅打至起胶后，用手挤成丸子。
3. 锅中倒水烧热，放入牛肉丸、盐、生抽、糖、红醋，以小火煮至熟后，放入青菜略煮片刻即可。

专家点评 增强免疫

百味一锅香

材料 牛毛肚150克，腐竹50克，黑木耳、竹笋各20克，黄喉15克

调料 盐3克，干椒15克，高汤200克

做法

1. 牛毛肚、黄喉均洗净，切块；腐竹、黑木耳一起泡发，洗净，分别切成小段和小朵；竹笋洗净切条；干椒洗净。
2. 炒锅中倒油烧热，放入干椒爆炒，再加入牛毛肚、腐竹、竹笋、木耳、黄喉一起翻炒均匀。
3. 加入高汤，煮至汁水将干时，调入盐即可。

牛肉酱焖小土豆

材料 牛肉350克，土豆400克

调料 青椒块、红椒块各15克，豆瓣酱、盐、料酒、淀粉各适量

做法

1. 牛肉洗净切块，用盐、料酒、淀粉拌匀，腌渍20分钟；土豆去皮，洗净。
2. 锅中倒油烧热，将土豆煎到金黄色；另起锅倒入豆瓣酱炒出红油，倒入牛肉翻炒2分钟后，注入水，土豆回锅，盖上盖子大火加热至沸腾，转中小火焖45分钟。
3. 放入青椒、红椒翻拌均匀即可起锅。

黄瓜牛肉

材料 牛肉、黄瓜各300克，胡萝卜、百合各100克

调料 生抽5克，淀粉6克，盐3克

做法

1. 牛肉洗净，切片，用生抽、淀粉、油拌匀；黄瓜削皮，洗净，切小块；百合洗净；胡萝卜去皮，洗净，切片。
2. 锅倒水烧开，放入牛肉片、黄瓜滚熟，然后加入胡萝卜、百合煮至熟。
3. 加入盐、生抽调味，起锅即可。

爽口牛肉

材料 牛肉350克，酸菜200克

调料 姜、蒜各20克，葱、青椒、红椒各15克，料酒5克，盐3克，味精、胡椒粉各2克，香油5克，鸡汤200克

做法

1. 牛肉、姜洗净，切片；大蒜去皮洗净；葱、辣椒洗净，切成细丝；酸菜洗净，切段。
2. 砂锅中倒入鸡汤，下入姜片、蒜、牛肉烧沸，再加入料酒，牛肉八成熟后放入酸菜同煮。
3. 加入盐、味精、胡椒粉煮熟后，放入香油、葱丝、青红椒丝即可。

白切东山羊

材料 羊肉500克，黄瓜100克

调料 盐5克，桂皮、八角各10克，姜5克，料酒10克

做法

1. 整块羊肉入水浸泡1小时，去除血水；黄瓜洗净切条，焯水待用。
2. 羊肉捞出放入锅内，加适量清水，以大火烧开。
3. 下盐、桂皮、八角、姜、料酒，焖烧2～3小时，捞出冷却后切成薄片；将黄瓜条放进盘底，上面铺上羊肉片即可。

虾酱羊肉

材料 羊肉400克，虾酱40克，油菜100克

调料 盐3克，味精1克，醋8克，生抽10克，香油15克

做法

1. 羊肉洗净，切长块；油菜洗净，用热水焯熟，排于盘中。
2. 锅内注水，下羊肉煮至熟后，捞起装入排有油菜的盘中。
3. 用盐、味精、醋、生抽、虾酱、香油调成酱料，食用时蘸酱即可。

手抓羊肉

材料 羊肉500克，生菜适量

调料 盐、酱油、香油、辣椒酱、葱末、蒜蓉、葱白丝、红椒丝、香菜段各适量

做法

1. 生菜洗净，入盘垫底；羊肉洗净，剁成大块，入沸水锅中煮熟，放在生菜上，撒上葱白丝、红椒丝、香菜。
2. 辣椒酱与葱末、蒜蓉放入碗中，加入盐、酱油、香油调匀，做成味汁。
3. 羊肉与味汁一起端上桌即可。

蒜香羊头肉

材料 蒜20克，羊头肉250克

调料 盐6克，香油10克，花椒5克，丁香5克，砂仁5克

做法

1. 羊头肉洗净，放开水中汆熟，捞起沥水；蒜剁成泥。
2. 锅下油烧热，将蒜泥、盐、花椒及丁香、砂仁爆香，下羊肉滑熟，盛出凉凉，切片待用；将羊头肉片装盘，淋香油即可。

专家点评 开胃消食

水盆羊肉

材料 羊肉300克，粉丝、香菜各200克，黑木耳150克

调料 葱花15克，盐3克

做法

1. 羊肉洗净，切成片，入开水氽烫后捞出；香菜洗净，切段；黑木耳泡发，洗净，撕成片；粉丝泡水，备用。
2. 锅中倒水，放入羊肉片煮至熟后，盛起；砂锅倒水，加入粉丝煮至软，羊肉回锅烧开，放入黑木耳煮熟。
3. 最后加入香菜略煮，加入盐、葱花即可。

如意一品羊杂

材料 羊肚、羊肺、羊肝、油菜各100克，水发木耳50克

调料 红辣椒10克，盐3克，鸡精1克，高汤600克

做法

1. 羊肚、羊肺、羊肝均洗净，切片；油菜择好洗净；水发木耳洗净，撕成小块；红辣椒洗净切片。
2. 锅中倒入高汤烧开，下入全部原料煮熟。
3. 加入红辣椒、盐、鸡精调味即可。

酸汤嫩兔肉

材料 兔肉500克，白萝卜300克，青椒、红椒各20克

调料 泡椒30克，糖6克，醋10克，盐3克，料酒、蛋液、淀粉各适量

做法

1. 兔肉洗净，切片，加料酒、蛋液、淀粉、盐拌匀；白萝卜去皮洗净，切片；青椒、红椒去蒂，洗净，切段。
2. 锅中倒油烧热，倒入兔肉炒至发白后捞出；另起锅倒入水，放入白萝卜片，加入泡椒烧开后，兔肉回锅，加入青红椒段煮一会儿。
3. 加糖、醋、盐即可。

油淋土鸡

材料 鸡450克，辣椒丝10克

调料 卤水200克，香菜段、酱油、香油、花椒各10克

做法

1. 鸡治净，汆水后沥干待用。
2. 煮锅加卤水烧开，放入整鸡，大火煮10分钟，熄火后再焖15分钟，捞出待凉后，斩块装盘。
3. 油锅烧热，爆香花椒、辣椒丝，加酱油、香油炒匀，出锅淋在鸡块上，再撒上香菜即可。

专家点评 增强免疫

嘉州红焖乌鸡

材料 净乌鸡350克，鱼丸200克

调料 干椒10克，葱白10克，料酒5克，醋5克，老抽3克，盐3克

做法

1. 将净乌鸡洗净剁成块，汆水后捞出；葱白洗净切段；干椒洗净切碎；鱼丸洗净。
2. 锅中倒油烧热，下入干椒爆香，倒入鸡块煸炒至变色后，加入料酒、醋、老抽翻炒，然后倒入开水、鱼丸煮至熟。
3. 加入盐调味，撒上葱段即可。

当归香口鸡

材料 鸡350克，当归20克，西兰花150克

调料 盐3克，酱油适量，葱20克，陈醋10克，高汤适量

做法

1. 鸡治净；当归洗净；葱洗净，切碎；西兰花洗净，切成朵，入沸水中焯熟。
2. 将鸡肉、当归放入锅中加适量水煮熟，然后把鸡拿出，切块。
3. 将盐、酱油、陈醋、高汤调成调料，淋在鸡肉、当归上，撒上葱，以西兰花围边即可。

川味香浓鸡

材料 鸡肉300克

调料 辣椒、白芝麻、葱各4克，红油15克，盐3克

做法

1. 鸡肉洗净，加盐腌入味；辣椒和葱分别洗净切碎。
2. 锅中注水烧开，下入鸡肉煮熟后捞出沥干，切成大块，盛入碗中。
3. 红油加热后倒入碗中，撒上白芝麻、辣椒和葱即可。

香口跳水鸡

材料 鸡肉350克，蒜薹、香菇、红椒、青椒各适量

调料 酱油10克，盐3克，蛋清、淀粉各适量

做法

1. 鸡肉洗净，切成条，用盐、鸡蛋清、淀粉拌匀；蒜薹洗净，切成段；青椒、红椒洗净，切碎；香菇洗净，切成条。
2. 锅中倒油烧热，将鸡肉条炸至八分熟时捞出；另起锅加入清水，鸡肉条回锅，放入香菇、蒜薹、青红椒碎用旺火烧沸。
3. 待熟后，加入酱油、盐调味，出锅即可。

香辣竹笋鸡

材料 肉、竹笋各300克，红椒、青椒各20克

调料 葱、蒜各15克，辣椒油10克，盐、糖各3克

做法

1. 鸡肉洗净，切块；竹笋洗净，切条；青椒、红椒洗净，切段；葱洗净，切碎；蒜洗净。
2. 锅中倒油烧热，放入鸡块快速翻炒一会儿后，加入竹笋炒匀，倒入水、蒜、红椒、青椒焖煮至熟。
3. 加入辣椒油、盐、糖、葱花调味，出锅即可。

专家点评 补脾健胃

野山椒煨鸡

材料 鸡肉400克，野山椒20克

调料 红辣椒10克，大蒜5克，盐2克，酱油3克

做法

1. 鸡肉洗净剁块，加盐拌匀腌渍；野山椒、红辣椒分别洗净切段；大蒜洗净切粒。
2. 锅中倒油烧热，下入鸡肉炒至变色，加入野山椒和红辣椒炒熟。
3. 下大蒜、盐和酱油炒入味，加适量水焖煮至鸡肉熟软，即可出锅。

专家点评 开胃消食

山菌烩鸭掌

材料 鸭掌300克，平菇、香菇、猴头菇各20克，胡萝卜30克，油菜100克

调料 盐3克，酱油2克

做法

1. 鸭掌洗净切块；平菇、香菇和猴头菇分别洗净切块；胡萝卜洗净切条；油菜洗净。
2. 锅中倒油烧热，下入鸭掌炒熟，加其余原料翻炒，下入盐、酱油调味。
3. 再加适量清水，焖煮约15分钟后即可出锅。

专家点评 保肝护胃

芋头烧鹅

材料 鹅肉500克，芋头6个

调料 盐4克，料酒8克，生抽、胡椒粉、十三香各5克，香油10克，红椒1个，蒜3瓣，姜1块，葱2根

做法

1. 将鹅肉洗净，剁成块状；芋头去皮，洗净；红椒切成片状；蒜去皮；姜切片；葱切段。
2. 锅中倒水煮沸，下入剁好的鹅块煮约40分钟，至熟后捞起。
3. 热油锅，爆香姜片、蒜、葱、红椒，下入鹅块和其他调味料，加芋头和水炖至软烂即可。

鲍汁鹅掌扣刺参

材料 刺参1条，鹅掌1只，西兰花2朵，西红柿1个，鲍汁200克

调料 盐2克，味精3克，白卤水200克

做法

1. 刺参洗净，入水中煮4小时后取出，去肠洗净备用。
2. 鹅掌洗净入白卤水中卤30分钟后取出备用。
3. 西兰花洗净入沸水中焯熟；西红柿洗净切成两半；以上材料摆盘，鲍汁中加入盐、味精，勾芡，淋在盘中即可。

香辣鸭掌

材料 鸭掌300克，鲜藕、土豆各200克

调料 干辣椒段15克，大蒜15克，香菜30克，料酒6克，生抽、老抽各5克，糖6克，盐4克

做法

1. 鸭掌洗净，汆水；香菜、鲜藕洗净，切段；大蒜去皮洗净；土豆去皮洗净，切条。
2. 锅中注水，放入鸭掌、干辣椒、蒜瓣煮开后，加入料酒煮至五成熟时，放入藕段、土豆。
3. 加入生抽、老抽、糖、盐，转小火煮至鸭掌皮软肉酥，撒上香菜。

葱焖鲫鱼

材料 鲫鱼约400克，葱段150克

调料 料酒、酱油、鲜汤、味精各适量，水淀粉15克

做法

1. 鲫鱼治净，切花刀。
2. 锅中注油烧热，下鲫鱼两面煎透。
3. 放入葱段煸出香味，加料酒、酱油、鲜汤、味精，以中火煮10分钟。
3. 用水淀粉勾芡，出锅装盘即可。

专家点评 开胃消食

煎焖黄鱼

材料 黄鱼400克

调料 大葱5克，淀粉5克，盐3克，酱油3克

做法

1 黄鱼洗净，去鳞、内脏和鳃，加盐、酱油腌渍；大葱洗净切段；淀粉加水拌匀。

2 锅中倒油烧热，下入黄鱼煎熟。

3 再加入适量水，炖约10分钟后，撒上大葱段，用水淀粉勾芡即可。

大厨献招 清洗黄鱼时要注意将鱼腹中的黑膜除去。

特色水煮鱼

材料 鲫鱼500克，红椒、青椒各20克

调料 盐、料酒、淀粉、鸡精、胡椒粉、椒盐粉各适量

做法

1 鲫鱼治净，鱼头剁下，对半剖开，鱼肉切成片，用盐、料酒、淀粉抓匀，腌15分钟；青椒、红椒洗净，斜切成圈。

2 锅中倒油烧热，下入鱼头入锅翻炒两下，倒入水、盐，煮至汤沸出味，然后投入鱼片、青红椒圈，煮至熟。

3 放入鸡精、胡椒粉、椒盐粉调味，出锅即可。

碧波酸菜鱼

材料 草鱼500克，酸菜500克，青椒、红椒各30克

调料 酸菜鱼调料包30克，盐、料酒、糖、姜各适量

做法

1 草鱼洗净剔去鱼骨，切薄片；酸菜洗净切条；姜洗净切丝；青椒、红椒均洗净，切块。

2 草鱼加入盐、料酒、姜丝拌匀，腌渍15分钟。

3 锅中倒油烧热，加入酸菜翻炒，倒入调料包、水搅匀，加盖煮沸。

4 加糖，倒入草鱼片、青椒、红椒拌匀，大火煮沸至鱼片熟即可。

豆瓣鱼

材料 鲫鱼750克，郫县豆瓣20克

调料 姜、蒜、醋、淀粉、盐各5克，葱、糖各6克，料酒3克

做法

1. 鲫鱼治净，在鱼身两侧斜切，用料酒、盐腌渍；姜、葱、蒜洗净切末；郫县豆瓣剁碎。
2. 锅中倒油烧热，放入鱼炸至熟盛盘；锅留油，放入郫县豆瓣、姜、蒜末炒香，加水、盐、糖、醋煮沸，再下入鲫鱼。
3. 淀粉勾芡后撒上葱花即可。

白菜水煮鱼

材料 鲜鱼400克，大白菜100克

调料 干辣椒30克，花椒5克，盐3克，胡椒粉、蛋清、姜片、蒜片、红油各适量

做法

1. 鲜鱼治净，剁下鱼头、鱼尾，鱼肉切片，抹上胡椒粉、蛋清和盐腌渍15分钟；大白菜洗净切段；辣椒、花椒洗净。
2. 油入锅烧热，放入姜片、蒜片和干辣椒爆香，香味出来后倒入水，放入鱼尾、鱼头一起煮。
3. 放入花椒、红油、鱼片、白菜烫熟即可。

老妈鱼片

材料 鲫鱼500克，红尖椒15克

调料 酱辣椒、葱各15克，清汤200克，盐、胡椒粉、料酒、淀粉各适量

做法

1. 鲫鱼剖肚去内脏，洗净，切成鱼片；酱辣椒洗净，切成小段；红尖椒洗净；葱洗净，剁碎。
2. 鱼片加盐、胡椒粉、料酒、淀粉抓匀拌至上浆，腌渍10分钟。
3. 锅倒入清汤煮开，倒入鱼片，轻轻用锅勺摊匀后，加入酱辣椒、红尖椒，再煮至开，起锅装盘，撒上葱花即可。

苦瓜鱼丸

材料 鱼丸250克，圣女果、苦瓜、草菇各200克，白果150克

调料 盐3克，味精2克

做法

1. 草菇去蒂，洗净焯水后捞出；苦瓜洗净，去瓤切成长薄片，入开水锅焯烫，捞出沥干水分；圣女果、白果、鱼丸洗净，备用。
2. 锅加水烧开，倒入鱼丸、苦瓜、草菇煮熟，再倒入圣女果、白果煮熟。
3. 加入盐、味精即可。

蜀香酸菜鱼

材料 酸菜、粉丝各200克，草鱼400克，红辣椒10克

调料 盐4克，醋1克，葱段5克，蒜末3克

做法

1. 草鱼治净，切成块；酸菜洗净切段；粉丝泡软后沥干；红辣椒洗净切去蒂、去籽。
2. 锅中加油烧热，下入酸菜和辣椒炒香，再加入适量水煮开，下入鱼块、粉丝煮熟。
3. 加入盐、醋和葱段再次煮沸，最后放上蒜末即可。

大理砂锅鱼头

材料 鱼头300克，豆腐200克，粉丝、火腿、五花肉、豆皮各100克

调料 盐3克，葱白、姜各10克

做法

1. 将鱼头去鳃洗净；豆腐洗净，切片；粉丝洗净，浸泡至软；火腿、五花肉洗净，切片；豆皮洗净，切块；葱白洗净，打花刀；姜洗净，切片。
2. 将以上所有材料放入砂锅中，倒入适量清水，煲熟。
3. 最后调入盐即可。

白灼章鱼

材料 章鱼400克

调料 葱3克，姜3克，白酒1克，酱油4克，香油少许，盐5克

做法

1. 章鱼洗净，切块，用盐腌渍片刻，沥干备用；葱洗净切丝；姜洗净去皮，切片。
2. 锅烧热，下葱、姜炝锅，倒入白酒，再加适量水烧开。
3. 下章鱼灼熟后装盘，倒入酱油和香油调味即可。

粉丝蚬芥鲮鱼球

材料 鲮鱼肉200克，蚬芥50克，粉丝300克

调料 盐4克，鸡精1克，淀粉50克

做法

1. 取少许淀粉加水拌匀备用；蚬芥洗净剁碎；鲮鱼肉洗净剁碎，加入蚬芥、剩余的淀粉和适量水搅拌均匀，捏成小球；粉丝泡软备用。
2. 锅中倒油烧热，下入蚬芥鲮鱼球稍炸，倒入粉丝，加盐拌匀。
3. 再加适量水焖煮至熟，用水淀粉勾芡，最后加入鸡精拌匀即可出锅。

鲮鱼豆花

材料 豆豉鲮鱼罐头200克，豆花350克，青豆、红腰豆、胡萝卜各30克

调料 盐3克，鸡精1克

做法

1. 打开豆豉鲮鱼罐头，取出鲮鱼，切碎；胡萝卜去皮，洗净，切丁；青豆、红腰豆洗净，备用。
2. 锅倒水烧热，倒入红腰豆、青豆、胡萝卜丁煮至熟透，加入豆花搅匀后，放入鲮鱼略煮。
3. 加入盐、鸡精煮至入味即可。

第七篇

煎菜

——好吃不上火

鸡汁煎酿豆角

材料 鸡肉250克，豆角400克

调料 盐3克，淀粉20克，辣椒酱适量

做法

1. 鸡肉洗净剁成末，加盐和少许淀粉拌匀；豆角洗净，分别绕成圈。
2. 取适量鸡肉塞入豆角圈中。
3. 锅中倒油加热，下入鸡肉豆角煎至五成熟后取出，抹上辣椒酱，放入蒸锅蒸熟，取出勾芡即可。

专家点评 补脾健胃

黄焖煎豆腐

材料 豆腐400克

调料 蒜苗10克，红辣椒5克，淀粉5克，盐3克，酱油少许

做法

1. 豆腐洗净切成大片；红辣椒洗净切碎；淀粉加水拌匀；蒜苗洗净切段。
2. 锅中倒油烧热，下入豆腐煎至两面金黄色，盛出。
3. 原锅再下蒜苗、红辣椒、酱油和盐炒熟，倒入豆腐一起炒匀，倒入水淀粉勾芡即可。

煎豆腐

材料 老豆腐300克，猪瘦肉50克

调料 盐5克，老抽5克，淀粉15克，红椒1个，姜片10克，葱段15克，香油、清汤适量

做法

1. 老豆腐洗净，切成厚块；猪瘦肉洗净，切片；红椒切片。平底锅烧热放油，下入豆腐块，用小火煎至两面金黄色，盛出。
2. 锅中再烧油，放入姜片、肉片、红椒片煸出香味；注入清汤，加入豆腐，用中火焖，再调入盐、老抽煮透；用淀粉勾芡，撒入葱段翻匀，淋入香油即可。

紫苏煎黄瓜

材料 黄瓜150克，红椒、紫苏各适量

调料 盐4克，味精、料酒各适量

做法

1. 黄瓜洗净，切片；紫苏洗净，切碎；红椒洗净，切圈。
2. 炒锅加油烧热，入黄瓜片煎至熟软，再加入紫苏、红椒一起拌炒。
3. 待炒熟时，加盐、味精、料酒调味，继续炒至香味散发，起锅盛盘即可。

专家点评 排毒瘦身

环球牛扒

材料 牛扒300克，哈密瓜100克

调料 盐4克，酱油3克，黑胡椒少许，橄榄油适量

做法

1. 哈密瓜切片，挖出果肉雕成球，作为装饰摆盘。
2. 牛扒洗净切大片，用盐、酱油和黑胡椒腌渍入味。
3. 平底锅倒入橄榄油烧热，下入牛扒煎至两面均熟即可出锅，摆放于哈密瓜旁边。

香煎牛蹄筋

材料 牛蹄筋100克，鸡蛋5个

调料 红椒10克，葱、盐各3克

做法

1. 牛蹄筋洗净，下入锅中煮熟后，捞出切碎，备用；红椒、葱均洗净，切碎。
2. 鸡蛋打散，再加入蹄筋、红椒、葱和盐一起拌匀。
3. 煎锅上火，加油烧热，倒入蛋液，煎至两面金黄色后，盛出切块即可。

大厨献招 牛蹄筋要用大火煎，以免老化。

专家点评 保肝护肾

笋丁煎蛋

材料 鸡蛋3个，鲜笋100克，黑木耳50克

调料 盐3克，味精1克，料酒、生抽各5克，葱少许

做法

1. 鸡蛋磕入碗中，打散后加盐调匀；鲜笋洗净，切丁后放入蛋液中搅匀；黑木耳泡发洗净撕片；葱洗净，切花。
2. 油锅烧热，倒入蛋液、鲜笋煎成厚蛋皮，切成三角形后装盘；用余油将黑木耳炒熟，盛入盘中。
3. 锅内烹入料酒，加盐、味精、生抽炒匀，将味汁浇在蛋皮上，撒上葱花即可。

豆角煎蛋

材料 豆角200克，鸡蛋4个，红椒2只

调料 盐5克，胡椒粉3克，香油10克

做法

1. 先将豆角洗净，切成细末；红椒切成末；鸡蛋打散，放入少许盐调匀，备用。
2. 锅内放水烧热，加入盐、胡椒粉，将切好的豆角末、红椒末过水，捞起，和鸡蛋一起拌匀。
3. 将平底锅烧热，放少许油，将已拌匀的鸡蛋液倒入锅内煎熟，最后，淋入香油，即可。

香椿煎蛋

材料 香椿芽120克，鸡蛋3个

调料 盐3克，生抽10克

做法

1. 香椿芽洗净，去除老叶，入沸水中焯一下，切成碎末。
2. 鸡蛋打入碗中，加入香椿芽、盐、生抽搅匀。
3. 炒锅上火，加油烧至六成热，入鸡蛋液煎至金黄色，捞出，切块，盛盘即可。

适合人群 一般人都可食用，尤其适合男性。

专家点评 保肝护肾

鲜煎糯米鸭

材料 腊鸭肉100克，糯米300克

调料 葱、盐各4克

做法

1 腊鸭肉洗净，切碎；葱洗净切碎；糯米煮熟备用。

2 将糯米饭和腊鸭肉、葱、盐混合，捏压成条状。

3 油锅烧热，下入糯米鸭条煎至呈金黄色即可。

大厨献招 此菜也可以加入少许火腿，风味更佳。

专家点评 补脾健胃

风味豉香鱼

材料 鲜鱼500克

调料 豆豉10克，红椒、葱、蒜各5克，盐、辣椒油各3克

做法

1 鱼洗净，去鳞、去内脏、去鳃，抹上盐腌至入味；红椒、葱、蒜分别洗净切碎。

2 锅中倒油烧热，下入鱼煎熟，捞出沥油。

3 净锅再倒油烧热，下入葱末、蒜末、红椒末炒香，鱼重新下锅，加入豆豉和辣椒油翻炒均匀即可出锅。

农家香煎鲅鱼

材料 鲅鱼400克，鸡蛋1个

调料 红椒3克，盐4克，淀粉适量

做法

1 鲅鱼治净，纵向剖开，用盐抹匀，腌至入味；红椒洗净切丝；鸡蛋加淀粉一起拌匀成糊。

2 将鲅鱼放入蛋糊中裹上一层，再下入热油锅中煎至金黄色。

3 出锅装盘，撒上红椒丝即可。

适合人群 一般人都可食用，尤其适合儿童。

专家点评 提神健脑

微湖武昌鱼

材料 武昌鱼500克，枸杞3克

调料 盐3克，白醋2克，白糖1克，辣椒油5克

做法

1. 武昌鱼治净，用盐抹匀腌渍；枸杞洗净，浸泡后沥干。
2. 锅中倒油加热，下入白糖炒融化，倒入武昌鱼煎熟。
3. 下入盐、辣椒油和白醋，翻炒均匀，撒上枸杞即可出锅。

适合人群 一般人都可食用，尤其适合女性。

蛋煎黄鱼仔

材料 小黄鱼300克，鸡蛋3克

调料 盐5克，淀粉适量

做法

1. 将小黄鱼去鳞、去内脏洗净；鸡蛋洗净，打成蛋液，调入盐拌匀。
2. 将小黄鱼表面抹上盐，腌渍片刻，放入蛋液中，再加入淀粉一起拌匀。
3. 油锅烧热，将小黄鱼入锅煎至两面呈金黄色即可。

专家点评 益气补虚

风味鲈鱼

材料 鲈鱼350克，莲藕50克

调料 盐3克，淀粉5克，辣椒酱5克，糖2克，香菜10克

做法

1. 鲈鱼治净，抹上盐腌渍；莲藕去皮洗净，切片焯熟；香菜洗净切碎。
2. 锅中倒油烧热，下入鲈鱼煎熟出锅装盘，旁边摆上莲藕片。
3. 净锅中倒油烧热，下入辣椒酱和糖炒匀，淀粉加水拌匀倒入锅中勾芡，将芡汁出锅淋在鲈鱼上，撒上香菜即可。

干煎翘鱼

材料 翘鱼750克

调料 蒜15克，干红辣椒15克，姜5克，盐5克，料酒10克，酱油5克

做法

1 翘鱼剖肚去内脏洗净；姜、蒜洗净切碎；干红辣椒切碎。

2 翘鱼用盐、料酒、姜、酱油腌渍；锅中倒油烧热，下入翘鱼煎至两面金黄色盛盘。

3 锅留底油烧热，放入蒜末、干红辣椒炒香，淋在翘鱼上即可。

香煎银鳕鱼

材料 银鳕鱼中段300克，生菜200克

调料 葱20克，盐3克，淀粉10克，黄油5克，柠檬汁3克，糖6克

做法

1 银鳕鱼治净，用盐腌渍片刻，两面均裹上淀粉；生菜洗净，铺在盘底；葱洗净，切碎。

2 锅中油烧热，下入银鳕鱼煎至两面金黄色，装盘。

3 锅倒入黄油烧热，加入柠檬汁、糖烧热后，倒入葱花拌匀，浇在鱼身上即可。

中式煎银鳕鱼

材料 银鳕鱼300克

调料 葱20克，盐3克，料酒5克，白胡椒粉2克，淀粉10克，美极鲜味汁5克，酱油、糖各6克

做法

1 银鳕鱼治净，切块，加入盐、料酒、白胡椒粉腌渍半小时后，裹上一层淀粉；葱洗净，切碎。

2 锅中倒油烧热，逐个下入鳕鱼块，煎炸约3分钟。

3 倒出煎锅中多余的油，烹入美极鲜味汁、酱油、糖，略收汁后，撒上葱花即可。

香煎带鱼

材料 带鱼300克

调料 盐2克，酱油8克，胡椒粉5克，红椒、豆豉各10克，葱少许

做法

1 带鱼治净，切段后用酱油、胡椒粉腌渍片刻；葱洗净，切花。

2 油锅烧热，放入带鱼煎至两面金黄，加入红椒、豆豉炒匀。

3 调入盐，撒上葱花即可出锅。

金珠粒粒香

材料 玉米500克，鸡蛋3个

调料 盐3克，淀粉20克

做法

1 玉米掰成小粒，洗净；鸡蛋打散，加入淀粉、盐和少量水拌匀。

2 将玉米粒放入鸡蛋中，粘裹上一层面糊。

3 锅中加油烧热，下入玉米粒炸至金黄色、酥脆后捞出沥油即可。

大厨献招 玉米粒炸时要注意搅散，否则炸不透。

专家点评 排毒瘦身

煎焖鲜黄鱼

材料 黄鱼350克，鸡蛋3个

调料 盐、味精各3克，料酒、水淀粉、香油、葱花各10克

做法

1 黄鱼治净，加料酒、味精、盐腌渍，用水淀粉上浆，入油锅滑透，盛出。

2 鸡蛋磕入碗，放入黄花鱼、葱花搅匀。

3 油锅烧热，将混合好的黄花鱼、鸡蛋液倒入锅，煎成饼状，淋入香油即可。

专家点评 黄鱼可开胃益气、明目安神，能促进宝宝的食欲，维护宝宝的视力。

洋葱里脊球

材料 里脊肉300克，洋葱20克，鸡蛋1个

调料 盐4克，辣椒、花椒、干椒各20克，料酒、酱油、面粉各适量

做法

1. 将肉洗净，切块，放入碗中加盐、料酒、酱油腌渍；洋葱、辣椒洗净，切丁；鸡蛋洗净，打成蛋液；干椒洗净。
2. 将肉块蘸上面粉、鸡蛋液；烧热油，放入肉块炸至金黄，捞起。
3. 另起锅，放入辣椒、花椒、干椒、洋葱爆香，再放入肉块，调入盐，炒熟即可。

干煎鳜鱼

材料 鳜鱼1条，干红椒150克

调料 盐2克，酱油、生抽各5克，葱10克

做法

1. 鳜鱼治净，用盐、酱油、生抽腌至入味；干红椒洗净，切段；葱洗净，切花。
2. 油锅烧热，下干红椒煸香，放入鳜鱼炸熟。
3. 起锅装盘，撒上葱花。

适合人群 一般人都可食用，尤其适合男性。

专家点评 养心润肺

干煎柠檬虾

材料 虾250克

调料 柠檬汁30克，盐2克，生抽、料酒各6克，芥末酱适量

做法

1. 虾治净，沿虾肚对剖开，用生抽、料酒、柠檬汁和盐腌渍片刻。
2. 锅中注油烧热，下虾煎至虾肉呈金黄色，起锅装盘，淋上芥末酱即可。

适合人群 一般人都可食用，尤其适合老年人食用。

煎乳酪鲭鱼

材料 鲭鱼250克，洋葱60克，乳酪块30克，高汤、青椒各适量

调料 盐2克，大蒜5克，番茄酱、胡椒粉各适量

做法 ①鲭鱼洗净，切成四块，用盐、胡椒粉调好味。②将调好味的鲭鱼腌渍15分钟。③洋葱、大蒜均洗净，切末，入锅炒片刻后，再放入番茄酱稍翻炒，倒入高汤、盐、胡椒粉做成酱汁。④青椒洗净，去籽，切圈；乳酪切末，备用。⑤腌好的鲭鱼入锅煎至两面金黄。⑥把酱汁涂抹在鲭鱼上，并放上青椒圈和乳酪末，用微波炉加热至乳酪融化，熟后取出即可。

专家点评 乳酪浓缩了牛奶的蛋白质、钙和磷等人体所需的营养素，味道浓郁，老少皆宜。

第八篇

炸菜
——香酥脆嫩炸出来

九寨香酥牛肉

材料 牛肉250克，鸡蛋2个

调料 盐3克，红椒、葱各20克，豆豉25克，面包糠、淀粉各适量

做法

1. 将牛肉洗净，切片，加盐腌渍入味；鸡蛋打匀，拌入淀粉搅成鸡蛋糊；红椒、葱洗净，切碎；豆豉洗净。
2. 将牛肉放入鸡蛋糊中拌匀，裹上面包糠。
3. 锅中烧热适量油，放入牛肉炸熟，最后撒上红椒、葱、豆豉即可。

老干妈串牛排

材料 牛排500克，包菜300克，鸡蛋1个

调料 老干妈豆豉辣椒酱15克，尖椒20克，葱10克，盐3克，味精1克，淀粉6克

做法

1. 牛排洗净，切成厚片，加盐、味精腌渍；葱、尖椒洗净切碎；包菜洗净掰开，铺盘，鸡蛋打匀。
2. 牛排裹上淀粉，刷上蛋液，用竹签串起。
3. 油烧热，下入牛排，炸至金黄色，捞起控干油，装入铺有包菜的盘中。
4. 油烧热，放入辣椒酱、尖椒翻炒熟，浇在牛排上，撒上葱花即可。

京烧羊肉

材料 羊肉400克

调料 盐4克，酱油适量，花椒5克，八角、茴香各4克，桂皮3克，大葱20克，姜25克

做法

1. 将羊肉用开水烫一下，捞出；花椒、八角、茴香、桂皮洗净；大葱洗净，切段；姜洗净，切片。
2. 锅中烧热水，放入羊肉和所有调料，炖至肉入味，捞出。
3. 锅置火上，烧热油，下入羊肉，炸成金黄色，捞出切片即可。

风味羊排

材料 羊排500克

调料 干辣椒20克，盐3克，淀粉10克，胡椒粉3克

做法

1. 羊排洗净，砍成长段，汆水沥干；干辣椒洗净切碎。
2. 羊排用盐、胡椒粉、淀粉拌匀；锅中倒油烧热，倒入羊排，炸到金黄色装盘。
3. 锅中倒油烧热，下干辣椒炒香，再倒入羊排一起翻炒均匀即可。

葱香鸭丝卷

材料 鸭肉350克，葱80克，胡萝卜50克，春卷皮100克

调料 料酒30克，盐3克

做法

1. 鸭肉洗净，汆水后晾干切丝，用盐、料酒拌匀；葱、胡萝卜洗净切成细丝。
2. 春卷铺开，放上鸭丝、葱丝、胡萝卜丝卷成长条状。
3. 锅中倒油烧热，放入春卷炸至金黄色取出凉凉，再切成小段即可。

飘香樟茶鸭

材料 鸭500克

调料 盐5克，花椒、樟树叶、茶叶各适量

做法

1. 将鸭宰杀治净，盆内放入清水、花椒和盐，将鸭浸渍4小时左右捞出，在沸水中稍烫，取出晾干水分。
2. 将鸭入熏炉内，以樟树叶、茶叶拌稻草点燃，待鸭皮熏呈黄色取出，置碗中蒸后凉凉。
3. 将鸭入油锅中炸至鸭皮酥香时捞出，切块，摆盘即成。

吐司鸭卷

材料 吐司、鸭肉各300克，鸡蛋50克

调料 盐3克，鸡精1克

做法

1. 鸭肉洗净剁成末，加盐和鸡精拌匀；吐司切去边；鸡蛋打散。
2. 将鸭肉包入吐司中，沾上蛋液，粘合成筒状。
3. 油锅烧热，下入鸭卷炸至金黄色，捞出沥油即可。

适合人群 尤其适合儿童。

专家点评 补脾健胃

脆椒肥肠

材料 肥肠1000克

调料 红尖椒10克，葱10克，料酒10克，盐3克，味精3克，淀粉10克

做法

1. 肥肠洗净；红尖椒洗净切碎；葱洗净切条；淀粉加水拌匀。
2. 锅加水烧热，下入肥肠、盐、味精、料酒煮至六成熟，捞出切段。
3. 肥肠用水淀粉上浆，下入油锅炸熟。
4. 倒油烧热，下红尖椒、葱条炒香，淋在肥肠上拌匀即可。

辣椒炸仔鸡

材料 鸡肉300克，干红辣椒30克，花生仁50克

调料 葱10克，盐3克，酱油、水淀粉、五香粉各适量

做法

1. 鸡肉洗净，切块，加盐、酱油腌渍片刻后，与水淀粉、五香粉混合均匀备用；干红辣椒、花生仁均洗净；葱洗净，切段。
2. 锅下油烧热，入鸡肉炸至熟透后，捞出控油。
3. 另起油锅，入花生仁炸至酥脆后，放入干红辣椒、炸好的鸡块炒匀，装盘，撒上葱段即可。

东坡脆皮鱼

材料 鲤鱼500克

调料 姜3克，葱5克，香菜10克，料酒5克，胡椒粉5克，盐3克，淀粉5克，糖3克，番茄酱10克

做法

1. 鲤鱼治净，两面打上花刀；葱、姜洗净切碎；香菜洗净，切段。
2. 鲤鱼用葱、姜、盐、料酒、胡椒粉腌渍，拣除葱、姜，用水淀粉挂糊，拍上干淀粉。
3. 油烧热，放入鲤鱼，炸至表皮酥脆装盘；锅中加入糖和番茄酱炒匀，浇在鱼上，撒上香菜。

蒜香带鱼头

材料 带鱼头350克

调料 青椒、红椒30克，盐3克，淀粉10克，料酒、蒜汁各适量

做法

1. 带鱼头洗净，用盐、淀粉、料酒、蒜汁腌渍入味；青椒、红椒洗净，切碎。
2. 锅中倒油烧热，倒入带鱼头炸至呈金黄色后，捞出装盘。
3. 锅中倒油烧热，放下青椒、红椒炒出香味后，捞出沥油，撒在带鱼头上，即可。

葱酥鲫鱼

材料 鲜鲫鱼500克，大葱200克

调料 盐3克，味精1克，料酒5克，酱油6克

做法

1. 鲫鱼开肚去内脏洗净，大葱洗净切碎。
2. 锅中倒油烧热，放入大葱炒香，捞出葱留葱油，倒入鲫鱼炸至两面呈金黄色捞出。
3. 原锅调入料酒、酱油，再放入鲫鱼回锅，加味精、盐，烧透收汁即可。

大厨献招 炸鲫鱼时炸至鱼皮紧绷之后即可捞出。

专家点评 增强免疫

酥炸仔鱼

材料 仔鱼500克

调料 盐2克，料酒、生抽各5克，青椒、红椒各适量

做法

1. 仔鱼宰杀，洗净，用盐、料酒、生抽腌至入味；青椒、红椒洗净，切丁。
2. 锅中注油烧热，下仔鱼炸至外焦里嫩时捞出沥油。
3. 锅中留油，下青椒、红椒炒香，撒在仔鱼上即可。

专家点评 开胃消食

串烧鲫鱼

材料 小鲫鱼400克

调料 盐3克，孜然粉3克，葱、红辣椒各2克，红油10克

做法

1. 小鲫鱼洗净，去鳞、去内脏，用盐和孜然粉腌至入味，再用竹签串起来；葱和红辣椒洗净切碎。
2. 油锅烧热，下入鲫鱼炸至金黄色后捞出，放入盘中。
3. 锅中倒入红油烧热，下入葱和红辣椒炒香，淋在鲫鱼上即可。

干炸小黄鱼

材料 小黄鱼适量，鸡蛋30克

调料 盐3克，味精1克，料酒30克，淀粉15克，面粉35克

做法

1. 小黄鱼剖肚去内脏洗净，用料酒、盐、味精腌渍入味。
2. 将鸡蛋、面粉、淀粉搅拌均匀成面糊，下入小黄鱼挂上面糊。
3. 锅中倒油烧热，放入小黄鱼炸至鱼身两面金黄色，捞出控油即可。

适合人群 一般人都可食用，尤其适合儿童。

海苔拖黄鱼

材料 小黄鱼400克，淀粉80克，海苔碎30克

调料 盐3克

做法

1 淀粉加水拌成糊状，加入盐和海苔碎混合拌匀。

2 小黄鱼治净，抹上少许盐腌渍。

3 锅中倒油烧热，将小黄鱼挂上淀粉糊，下入锅中炸透即可。

大厨献招 炸鱼时油要多放，才能把鱼炸得酥脆。

专家点评 提神健脑

奇味小黄鱼

材料 小黄鱼500克，鸡蛋2个

调料 盐3克，淀粉12克，料酒5克，生姜8克

做法

1 生姜去皮，洗净，切碎；小黄鱼治净，切去头部，再加料酒、盐、姜末腌渍备用。

2 鸡蛋打散，加入淀粉、适量水一起搅拌匀。

3 将黄鱼下入蛋糊中均匀粘裹上，再下入油锅炸至两面金黄色即可。

专家点评 提神健脑

小黄鱼黄金饼

材料 小黄鱼500克，蒸熟的面饼适量，鸡蛋1个

调料 料酒2克，盐3克，淀粉、椒盐适量

做法

1 小黄鱼治净，加入料酒、盐搅拌均匀后，腌渍20分钟。

2 锅倒油烧至四五成热，将蒸好的面饼炸至金黄色，捞出装盘。

3 将淀粉、鸡蛋拌匀，小黄鱼双面裹匀；锅中倒油烧热，倒入小黄鱼，炸至酥脆，捞出装盘，与椒盐一起上桌即可。

适合人群 一般人均可食用，尤其适合儿童。

彩椒带鱼

材料 带鱼400克，彩椒100克

调料 盐、味精各2克，酱油8克，水淀粉适量

做法

1. 带鱼治净切段，用盐、酱油略腌后裹上水淀粉；彩椒洗净，切丁。
2. 油锅烧热，下带鱼煎至两面金黄，捞出装盘。
3. 另起油锅，放入彩椒翻炒至熟，加盐、味精调味，起锅倒在带鱼上即可。

专家点评 提神健脑

怪味带鱼

材料 生菜350克，带鱼500克

调料 料酒10克，酱油5克，盐2克，糖75克，辣椒粉7克，花椒粉2克，熟白芝麻10克

做法

1. 带鱼洗净沥干切成段；生菜洗净铺盘。
2. 带鱼用盐、料酒腌渍，锅中倒油烧热，放入带鱼炸香，捞出沥干油。
3. 锅中加水、糖、酱油、盐、料酒煮至浓稠，再倒入带鱼，加入辣椒粉、花椒粉，翻匀，撒上熟白芝麻装盘即可。

鸿运带鱼

材料 带鱼750克

调料 红辣椒20克，葱、姜、料酒、胡椒粉、盐各3克，面粉10克，味精1克，酱油5克

做法

1. 带鱼治净，切段；葱、姜洗净切碎；红辣椒洗净切段。
2. 带鱼用姜、料酒、胡椒粉、盐拌匀腌渍，再裹上面粉。
3. 锅中倒油烧热，倒入带鱼炸至深黄色盛盘，另起锅中倒油烧热，倒入红辣椒、味精、酱油炒香捞出，淋在带鱼上，撒上葱花。

脆椒花生小银鱼

材料 小银鱼200克，花生米200克，红辣椒50克

调料 盐3克，鸡精1克，葱30克，胡椒粉3克，熟白芝麻15克

做法

1 小银鱼、花生米都略冲洗净；红辣椒洗净切小段；葱洗净切段。

2 锅中倒油烧热，倒入小银鱼、花生米分别炸酥，捞出待凉；锅中倒油烧热，倒入红辣椒，葱爆香，放入花生米、小银鱼回锅炒匀。

3 调入盐、鸡精、胡椒粉、熟白芝麻，炒拌均匀即可。

飘香银鱼

材料 银鱼300克，花生米200克

调料 红辣椒、香菜各5克，盐3克，淀粉20克

做法

1 淀粉加水拌成淀粉糊；银鱼治净，撒上盐拌匀腌至入味；红辣椒、香菜分别洗净切碎。

2 锅中倒油烧热，将银鱼逐条裹上淀粉糊，下入锅中炸至膨胀金黄色后捞出，沥油备用。

3 净锅再倒油烧热，下入银鱼和花生米炒熟，撒上红辣椒和香菜即可。

专家点评 提神健脑

椒盐九肚鱼

材料 九肚鱼300克，鸡蛋2个

调料 盐3克，料酒适量，胡椒粉3克，椒盐4克，红椒20克，葱15克，面粉、淀粉各适量

做法

1 将九肚鱼治净，切块；鸡蛋打散，放入面粉、淀粉拌成面糊；红椒、葱洗净，切碎。

2 九肚鱼加盐、料酒、胡椒粉、椒盐腌渍，放入面糊中，浸泡片刻。

3 烧热油，放入九肚鱼炸至七成熟，捞起；再用热油爆香红椒、葱，放入九肚鱼炒熟，即可。

干炸泥鳅

材料 泥鳅500克，芹菜50克

调料 干红辣椒20克，料酒3克，盐3克，青椒10克，淀粉6克

做法

1. 泥鳅宰杀后，洗净；芹菜洗净留梗切段；青椒洗净切小块；干红辣椒切碎。
2. 泥鳅用料酒、盐、淀粉拌匀，再下入热油锅中炸成金黄色后捞出沥干油。
3. 锅中倒油烧热，下入干红辣椒炒香，放入芹菜梗、青椒炒熟后，再倒入泥鳅炒匀即可。

炸烹基围虾

材料 基围虾300克

调料 葱15克，蒜15克，淀粉10克，盐3克，鸡精1克，料酒3克

做法

1. 基围虾剪去虾须，去除肠泥，洗净，裹上淀粉抓匀；葱洗净，切细丝；蒜洗净，切小片。
2. 锅倒油烧至七成热，下入虾炸酥脆后，捞出，控油。
3. 锅留油烧热，下入蒜片炒香后，再加入基围虾，加入盐、鸡精、料酒调味，翻炒均匀后，撒上葱丝，出锅即可。

炸河虾

材料 河虾350克，蛋液30克

调料 料酒5克，盐3克，白胡椒粉2克，淀粉10克

做法

1. 将河虾洗净，然后用料酒、盐、白胡椒粉腌20分钟。
2. 河虾加入蛋液抹匀后，再裹上淀粉。
3. 锅倒油烧至六成热时，下入河虾炸至金黄色后，捞出沥油，装盘即可。

适合人群 一般人都可食用，尤其适合儿童。

专家点评 提神健脑

第九篇

腌菜、卤菜
——老少皆宜不油腻

泡萝卜条

材料 白萝卜300克，胡萝卜300克，姜、蒜各10克，指天椒20克

调料 盐8克，味精2克，白醋20克，白砂糖少许

做法

1. 将白萝卜、胡萝卜洗净去皮，切条；姜洗净切片，蒜去皮切粒，指天椒去蒂洗净。
2. 将切好的萝卜条放入碗中，加入姜片、蒜粒，调入盐、味精、白醋、白砂糖拌匀。
3. 将调好味的萝卜条和指天椒放入钵内，加入凉开水至盖过菜，密封腌渍2天即可。

橙汁藕片

材料 莲藕300克

调料 橙汁50克

做法

1. 将莲藕刮去外皮，洗净，切片，浸在凉水中10分钟后捞出沥干。
2. 烧热水，放入藕片焯烫至熟，捞起。
3. 将烫熟的莲藕装盘，倒入橙汁，泡约15分钟即可食用。

适合人群 一般人都可食用，尤其适合女性。

专家点评 排毒瘦身

蜜汁山药

材料 山药400克，西瓜、梨子、葡萄干各适量

调料 桂花酱、蜂蜜各适量

做法

1. 山药、西瓜、梨子均洗净，切块；葡萄干洗净备用。
2. 锅加水烧开，下入山药条煮至熟后，捞出装盘，上面摆上西瓜、梨子、葡萄干。
3. 将桂花酱与蜂蜜拌匀，淋在山药条上，腌渍20分钟即可。

专家点评 补血养颜

爽口瓜条

材料 冬瓜350克

调料 橙汁50克，白糖适量

做法

1. 冬瓜去皮，洗净，切成长条备用。
2. 将冬瓜下入沸水中焯熟，捞出装盘。
3. 将橙汁与白糖拌匀，淋在瓜条上，腌渍1小时即可。

大厨献招 冬瓜焯水时间不可太长，以免煮软。

适合人群 一般人都可食用，尤其适合女性。

专家点评 增强免疫

脆丁香

材料 花生米、黄瓜各200克，胡萝卜150克

调料 盐3克，味精1克，醋15克，酱油10克

做法

1. 花生米稍洗，再入油锅炸香，待凉；黄瓜、胡萝卜洗净切成丁。
2. 将花生米搓去外皮装入碗中，倒入酱油、醋、盐、味精。
3. 最后加入胡萝卜、黄瓜丁一起浸泡半小时即可。

大厨献招 炸花生的时间不宜过长，否则炸不脆。

四川泡菜

材料 白萝卜、胡萝卜、心里美萝卜、西芹各50克

调料 盐、白糖、醋、香油各适量，葱少许

做法

1. 白萝卜、胡萝卜、心里美萝卜、西芹均洗净，切丁；葱洗净，切花。
2. 将备好的材料分别放入开水锅中焯水，捞出沥干备用。
3. 盐、白糖、醋加冷开水兑成泡菜水，将焯过的材料放入，密封腌渍3小时，捞出后与香油拌匀，撒上葱花即可。

韩国泡菜

材料 大白菜500克

调料 盐5克，鸡精3克，辣椒酱、醋、泡椒汁各适量

做法

1. 大白菜洗净，撕成小片，加盐、鸡精、辣椒酱、醋、泡椒汁拌匀。
2. 将拌好的大白菜装入一个密封的坛中，腌渍2天。
3. 食用时从坛中取出装盘即可。

专家点评 开胃消食

腌萝卜毛豆

材料 腌萝卜250克，毛豆120克

调料 盐、味精各3克，香油、酱油、辣椒各10克

做法

1. 腌萝卜洗净，切丁；毛豆去荚，洗净，煮熟；辣椒洗净，剁碎。
2. 油锅烧热，下入辣椒爆香，加入煮熟的毛豆，放入腌萝卜炒匀。
3. 放盐、味精、香油、酱油调味，翻炒均匀，盛盘即可。

专家点评 增强消食

糖醋腌莴笋

材料 莴笋500克

调料 冰糖10克，白醋适量，葱20克

做法

1. 将莴笋去皮洗净，切成长条；葱洗净，切碎。
2. 烧开水，把莴笋放入锅中焯烫至断生，捞起，放入碟中。
3. 将冰糖、白醋、开水放入碗中，撒上葱花，拌匀成糖醋汁备用。
4. 最后将糖醋汁淋在莴笋上，腌渍5分钟即可食用。

酸辣鸡爪

材料 无骨鸡爪300克，柠檬10克，红辣椒3克

调料 盐2克，辣椒油10克，白醋适量

做法

1. 鸡爪洗净，放入沸水中汆烫约10分钟，然后捞出沥干。
2. 柠檬洗净切片，红辣椒洗净切段。
3. 将鸡爪、柠檬片和红辣椒倒入盘中，加入调味料拌匀，腌至入味即可。

大厨献招 可用鲜榨柠檬汁代替白醋。

专家点评 排毒瘦身

泰式鸡爪

材料 无骨鸡爪300克，芹菜、胡萝卜各20克

调料 盐2克，白醋3克，泰式酸辣酱5克，辣椒油3克

做法

1. 鸡爪洗净，放入沸水中，加盐汆烫约5分钟，然后捞出沥干。
2. 芹菜洗净切段；胡萝卜去皮，洗净切丝。
3. 将鸡爪、芹菜、胡萝卜一同放入盘中，倒入调味料拌匀，腌至入味即可。

专家点评 开胃消食

山椒鸡爪

材料 山椒20克，鸡爪400克

调料 红辣椒、葱段、姜片各5克，料酒、花椒、八角各适量，盐6克，白醋5克

做法

1. 鸡爪洗净切块，放入沸水锅中，加入葱、姜、料酒、花椒、八角和适量盐，大火煮约10分钟。
2. 将洗净的红辣椒和山椒加入锅中，再加入白醋和盐，小火熬制30分钟左右。
3. 熄火放凉，将鸡爪浸泡入味即可捞出鸡爪和所有辣椒食用。

绍兴醉鱼

材料 鲢鱼400克

调料 盐5克，话梅5克，绍兴酒50克，糖2克

做法

1 将鲢鱼治净，取鱼肉切块；锅中倒少许水煮开，下话梅小火煮约2分钟，加入盐和糖煮溶化，放凉后与绍兴酒混合。

2 将鱼放入浸汁中，浸泡入味。

3 吃时取出，放入蒸锅，隔水蒸熟即可。

大厨献招 一般将鱼浸泡2天即可入味。

专家点评 提神健脑

泰式冻腌生虾

材料 鲜虾300克

调料 盐2克，白醋4克，辣椒酱5克，辣椒油2克，柠檬汁少许

做法

1 鲜虾洗净，切去头，剔除泥肠，留尾壳，对半剖开。

2 虾放入盘中，倒入盐和白醋腌渍，包上保鲜膜，送入冰箱保鲜层冷冻。

3 约半小时后取出，摆放入盘，倒入柠檬汁、辣椒油和辣椒酱即可。

葱香虾仁

材料 虾仁300克，葱30克

调料 酱油10克，醋15克，盐3克，料酒3克，鱼露6克，香油3克

做法

1 将虾仁治净，入开水中汆熟后沥干；葱洗净切碎备用。

2 将酱油、醋、盐、料酒、鱼露、水调成汁入碗，放入虾仁浸泡约1小时。

3 撒上葱花，淋上香油即可。

专家点评 益气补虚

跳水鸭掌

材料 鸭掌300克，胡萝卜100克

调料 泡椒10克，红辣椒5克，白醋20克

做法

1. 鸭掌治净，切去趾甲；胡萝卜洗净，去皮切段；红辣椒洗净切段。
2. 将鸭掌下入沸水锅中，煮约15分钟，捞出沥干。
3. 原料放入盘中，倒入泡椒、红辣椒和白醋浸泡，腌至入味即可。

专家点评 补血养颜

小妹甜皮鸭

材料 鸭350克

调料 盐3克，料酒5克，碎冰糖15克，饴糖10克

做法

1. 鸭治净，用盐、料酒抹匀，腌渍入味。
2. 倒油烧热，倒入冰糖炒成棕色，加开水搅匀，制成糖色汁。
3. 锅中加水、盐、料酒、糖色汁烧开，放入鸭子煮卤至熟，捞出。
4. 油烧沸，一勺勺淋在鸭身上至皮酥时捞出，刷上饴糖，切块即可。

卤香猪蹄

材料 猪蹄200克

调料 卤汁500克

做法

1. 猪蹄治净，斩件备用。
2. 锅中倒入卤汁烧开，放入猪蹄，用小火炖3.5小时，捞出，摆盘即可。

大厨献招 此菜炖的时间要足够长。

适合人群 尤其适合老年人。

专家点评 增强免疫

香糟麻花肚尖

材料 猪肚尖300克

调料 糟卤100克，盐3克，料酒5克，糖3克

做法

1. 猪肚尖刮去表面油膜，洗净，切开，再扭成麻花形。
2. 锅倒入清水，放入肚尖烧开，加入盐、料酒、糖调味后，用微火煨2 小时，捞出。
3. 倒入糟卤中浸至入味后，即可捞出食用。

大厨献招 肚尖下锅煨时一定要煨熟烂。

专家点评 益气补虚

五香猪肝

材料 猪肝500克

调料 茴香、花椒、桂皮、丁香各适量，酱油10克，冰糖5克，盐3克，料酒3克，香油适量

做法

1. 将猪肝洗净，切厚片，入沸水中氽烫去血水，捞出沥干。
2. 茴香、花椒、桂皮、丁香放入开水中卤煮30分钟，煮好后加入香油以外其余调味料拌匀，把猪肝放入其中浸泡入味。
3. 最后将浸泡好的猪肝取出抹上香油即可。

酱牛肉

材料 牛肉500克

调料 黄酱100克，料酒6克，花椒5克，桂皮2克，酱油3克，盐10克，糖15克，老姜5克，大料2克，葱白5克

做法

1. 牛肉洗净，氽水后捞出；葱白洗净切段；姜洗净切片；花椒、大料、桂皮包入纱布捆紧。
2. 锅加入热水，倒入牛肉，放入酱油、黄酱、盐、糖、料酒、葱段、姜片和纱包，煮半小时，然后调小火炖2小时。
3. 捞出牛肉，沥水凉凉后切成片装盘即可。

酱猪尾

材料 猪尾800克

调料 酱油50克，白糖100克，盐30克，老汤、八角、陈皮、草果、茴香、香叶、肉蔻、葱、姜各适量

做法

1. 猪尾刮去余毛，洗净，放入开水中稍烫后，捞出。
2. 锅烧热，下入白糖，再加入适量水烧开，煮成糖色，备用。
3. 将香料放入老汤中，再加入糖色、酱油、盐，烧开成酱汤，下入猪尾卤煮至上色，捞出切段，装盘即可。

合味牛肉

材料 牛肉250克

调料 盐5克，干辣椒、八角各10克，香叶、桂皮、草果、白芷、丁香、陈皮各5克，肉蔻3克，酱油、料酒、红油各适量，葱、姜、花椒各20克

做法

1. 姜洗净切片；葱洗净切碎；将牛肉和所有香料洗净。
2. 将牛肉放入沸水锅中除去血沫捞起；另起锅，倒入水，放入牛肉和调味料卤煮至熟。
3. 捞出卤好的牛肉，切片；将酱油、料酒、葱花、红油调成汁，淋在牛肉上即可。

夫妻肺片

材料 鲜牛肉、牛肚、牛舌各200克

调料 老卤水2500克，辣椒油20克，酱油150克，花椒粉25克，油酥花生米30克，熟白芝麻5克，八角、花椒、肉桂、盐、白酒、葱花各适量

做法

1. 牛肉、牛肚、牛舌均洗净，汆水；花椒、肉桂、八角用布包好。倒入老卤水，放香料包、酒、盐烧开，放牛肉、牛肚、牛舌煮熟，捞出切片。
2. 将卤水、辣椒油、酱油、花椒粉调成味汁。
3. 牛肉、牛杂淋入味汁拌匀，撒上油酥花生米、芝麻、葱花即可。

卤水牛舌

材料 牛舌1个

调料 盐5克，酱油45克，葱段10克，姜片15克，蒜瓣12克，八角8克，桂皮15克，陈皮10克，花椒10克

做法

1. 牛舌洗净，下入沸水中稍烫后，取出再刮洗净。
2. 锅中加水烧开，下入所有调味料煮至出色，再下入牛舌。
3. 卤煮至牛舌入味后，捞出切片装盘即可。

大厨献招 卤牛舌时要适时翻动，以便均匀入味。

辣卤牛百叶

材料 牛百叶300克， 油炸花生米30克，白熟芝麻20克

调料 盐4克，红油、酱油各5克，花椒、桂皮各3克，甘草、草果、八角各2克、山柰、丁香、冰糖各5克、香菜段、干椒各适量

做法

1. 将牛百叶洗净，切块；花椒、桂皮、甘草、草果、八角、山柰、丁香、干椒洗净。
2. 牛百叶沸水氽烫捞起；另起锅烧热水，入调料搅匀。待卤汁煮沸后改小火，放进牛百叶卤制至熟，装碗撒上花生米、白熟芝麻、香菜即可。

卤水金钱肚

材料 金钱肚450克

调料 卤水300克，八角2克，桂皮3克，蒜5克，红椒10克，玫瑰露酒3克，盐3克，味精2克，白醋5克，糖5克

做法

1. 金钱肚洗净；蒜、红椒均洗净，剁碎。
2. 金钱肚装盘，放入八角、桂皮，洒上玫瑰露酒，放入蒸笼蒸25分钟。
3. 取出金钱肚，放入卤水中，加上八角、桂皮、盐、味精，稍煮后捞出。将白醋、蒜蓉、红椒粒、糖拌匀，作为调料蘸食即可。

卤牛蹄筋

材料 牛蹄筋800克

调料 盐20克，陈皮、八角、草果、肉蔻、香叶、孜然、葱、姜各适量

做法

1. 牛蹄筋洗净，放入沸水中汆烫后，捞出。
2. 锅中加水烧开，下入所有调味料一起煮开，再下入牛蹄筋。
3. 卤煮至牛蹄筋熟软，且入味时，捞出切片即可。

专家点评 增强免疫

卤水鹅肉拼盘

材料 鹅肾100克，鹅肉100克，鹅翅200克，卤汁300克，豆腐2块

调料 盐5克，味精2克，美极鲜酱油10克

做法

1. 将鹅肉、鹅肾、鹅翅、豆腐洗净，分别入油锅炸至金黄色。
2. 把水烧开，将原料放入锅中烫熟，取出，再用凉开水冲15分钟，沥干，加入卤汁、盐和味精浸泡30分钟后切件，装盘，加美极鲜酱油，淋上卤汁即可。

卤味鹌鹑蛋

材料 鹌鹑蛋500克

调料 八角5克，桂皮3克，花椒5克，盐3克，味精3克，红油3克

做法

1. 将鹌鹑蛋放入水中煮熟后，取出，剥去外壳。
2. 将八角、桂皮、花椒等制成卤水，再将鹌鹑蛋放入卤好。
3. 将卤好的鹌鹑蛋加入盐、味精、红油一起拌匀即可。

专家点评 开胃消食

卤味凤爪

材料 鸡爪250克

调料 盐5克，味精3克，八角5克，桂皮10克、葱段10克，蒜片5克

做法

1. 凤爪剁去趾甲，洗净。
2. 锅中加水烧沸，下入鸡爪煮至熟软后捞出。
3. 锅中加入葱段、蒜片和其他调味料制成卤水，下入鸡爪卤至入味即可。

专家点评 开胃消食

卤鸡腿

材料 鸡腿3个

调料 黄酒25克，酱油15克，白糖2克，茴香4粒，桂皮1小块，葱段、姜片各25克

做法

1. 鸡腿治净、去骨，放入盆内，用葱段、姜片、黄酒、酱油腌渍入味。
2. 锅上火烧开水，下入鸡腿煮约2分钟后捞起，洗净去血水。
3. 原锅洗净，放入鸡腿，加入清水、白糖、茴香、桂皮，烧开后转小火卤约30分钟，取出鸡腿，冷却后，浇入少许原卤即可。

墨鱼卤鸡

材料 墨鱼、鸡肉各350克

调料 花椒、八角、桂皮各3克，丁香2克，大葱10克，姜10克，料酒20克，盐25克，香菜20克，白砂糖5克

做法

1. 墨鱼、鸡肉分别治净，下入沸水中汆水后捞出。
2. 锅中加入适量水，下入所有调味料煮开，撇去浮沫。
3. 再下入墨鱼和鸡肉，卤煮至各材料均熟，取出切块，装盘即可。

杭州卤鸭

材料 净鸭400克

调料 白糖10克，桂皮3克，酱油适量，葱15克，姜5克，料酒适量

做法

1. 将净鸭洗净并沥干水分；桂皮洗净；葱洗净，切段；姜洗净，切片。
2. 锅置火上，加入适量清水烧沸，放入白糖以外所有调味料，再放入鸭卤制。
3. 待煮沸后，撇去浮油，卤煮至熟再加白糖继续煮至原汁稠浓，鸭凉后，取出斩成块即成。

卤水鸭脖

材料 鸭脖300克

调料 卤水汁300克，干辣椒10克，盐5克

做法

1. 鸭脖洗净；干辣椒洗净。
2. 锅中放入水、卤水汁、干辣椒、盐，大火烧沸后，倒入鸭脖，煮30分钟，然后再加盖焖20分钟。
3. 待熟后，捞出沥干凉凉，剁成小段，装盘即可。

专家点评 开胃消食

辣卤鸭肠

材料 鸭肠300克

调料 盐、辣椒粉、花椒粉、豆瓣酱、八角、草果、甘草、丁香、桂皮、小茴香、香叶、干辣椒、花椒粒、酱油、糖、香菜各适量

做法

1. 将鸭肠洗净，切段；八角、草果、甘草、丁香、桂皮、小茴香、香叶、干辣椒、花椒粒洗净；香菜洗净，切段。
2. 锅中烧热水，放入鸭肠，汆烫后捞起；另起锅，烧沸水，放入香菜以外所有调料，拌匀。
3. 接着放入鸭肠，卤熟装盘，撒上香菜即可。

酱香鸭翅

材料 鸭翅300克

调料 十三香5克，酱油5克，糖6克，盐3克，料酒3克，鸡精1克

做法

1. 鸭翅去毛洗净，汆水后沥干。
2. 锅中倒入水、十三香、酱油、料酒、糖、盐、鸡精，倒入鸭翅，中小火卤煮约30分钟。
3. 离火，鸭翅浸泡至入味后捞出即可。

专家点评 补脾健胃

酱鸭翅

材料 鸭翅350克

调料 盐5克，料酒适量，八角5克，花椒4克，葱10克，姜10克，辣椒粉适量，陈皮5克，桂花5克，酱油适量

做法

1. 将鸭翅洗净；八角、花椒、陈皮、桂花洗净；葱洗净，切段；姜洗净，切片。
2. 将鸭翅与八角、花椒、葱、姜、辣椒粉、陈皮、桂花、酱油拌匀，腌渍入味。
3. 锅中水烧热，放入鸭翅，调入料酒、盐，煮熟即可。

卤水鸭肝

材料 鸭肝300克

调料 卤水汁300克，八角3克，花椒粉5克，料酒3克，酱油3克，盐5克，糖6克

做法

1. 鸭肝去筋洗净装碗，用八角、花椒粉、料酒、酱油、盐、糖腌渍4～5个小时。
2. 锅中放入卤水烧开后，放入鸭肝，大火烧开5分钟，转小火再煮20分钟。
3. 待熟后，捞出沥干凉凉，切成片装盘即可。

专家点评 补血养颜

第十篇

杂烩菜——乡土滋味最地道

傻儿煮肥肠

材料 肥肠300克，干辣椒15克

调料 盐、花椒、红油、醋、葱段、香菜各适量

做法

1. 肥肠治净，切开成小片；干辣椒洗净，切段；香菜洗净，切段。
2. 油锅烧热，放入肥肠稍煸，倒入适量清水，放上干辣椒、花椒，调中火煮熟。
3. 加盐、红油、醋调味，入盘，撒上葱段、香菜即可。

适合人群 尤其适合男性。

烂蒜烩肥肠

材料 肥肠350克

调料 盐、醋、上汤、蒜泥各适量

做法

1. 肥肠治净。
2. 将锅加入水烧开，下入肥肠氽熟，捞出沥水，切成段。
3. 油锅烧热，放入盐、醋、上汤煮开，下入肥肠煮15分钟，入盘，撒上蒜泥即可。

适合人群 尤其适合男性。

专家点评 开胃消食

烟笋炒肚条

材料 井冈山烟笋350克，猪肚150克

调料 姜末、蒜末、葱末、盐各5克，味精3克

做法

1. 烟笋先煮好，切丝待用；猪肚切丝，下锅中炒熟。
2. 锅内下油，放入姜、蒜煸炒香。
3. 之后下烟笋、肚丝，烹入调味料即可。

适合人群 尤其适合老年人食用。

专家点评 降低血压

湘轩悄悄话

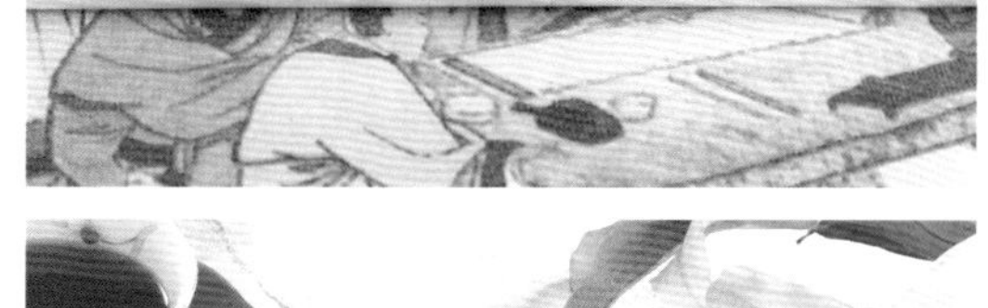

材料 猪耳170克，蜜枣泥130克

调料 糖5克，姜、花椒粉各3克，料酒适量

做法

1. 猪耳去毛，双面用刀刮净后入沸水汆熟，捞出再清洗一遍；蜜枣泥加水、糖煮化熬开。
2. 猪耳加料酒、姜、花椒粉、糖煮熟后捞出，加蜜枣泥卷成卷，上加重物压平。
3. 待凉后将猪耳切片即可。

适合人群 尤其适合孕产妇食用。

专家点评 补血养颜

熏肠肚拼盘

材料 猪肚300克，猪肠100克

调料 盐、酱油各适量，卤水400克，茴香少许

做法

1. 猪肚、猪肠均治净。
2. 锅注水，下入所有调料煮开，放入猪肚、猪肠，煮熟透。
3. 捞出沥水，将猪肚切块、猪肠切段，摆盘即可。

适合人群 尤其适合男性食用。

专家点评 降低血糖

乡菜腊肚丝

材料 腊猪肚200克，土豆150克，芹菜少许

调料 盐3克，剁椒酱20克

做法

1. 腊猪肚洗净，切成丝；土豆去皮洗净，切成细条；芹菜去叶洗净，切短段。
2. 油锅烧热，下腊猪肚煸炒片刻，放土豆炒5分钟，下入芹菜稍炒。
3. 加盐、剁椒酱调味，入盘即可。

适合人群 尤其适合男性食用。

专家点评 保肝护肾

酱滑牛杂

材料 牛肚100克，牛舌、牛展各150克，熟鸡蛋1个

调料 盐3克，酱油20克，卤水200克，八角5克

做法

1. 牛肚、牛舌、牛展治净；熟鸡蛋去壳。
2. 锅入油烧热，放入所有调味料，下入牛肚、牛展、牛舌、熟鸡蛋卤熟，捞出。
3. 牛舌、牛展切片，熟鸡蛋切瓣，与切好的牛肚一起放入盘中，淋上少许卤汁即可。

适合人群 一般人都可食用，尤其适合男性食用。

专家点评 防癌抗癌

香油牛杂

材料 牛肚300克，牛蹄筋100克，牛舌100克，熟鸡蛋1个

调料 盐3克，桂皮、八角各8克，酱油20克，卤水300克

做法

1. 牛肚、牛蹄筋、牛舌均洗净；熟鸡蛋去壳。
2. 锅注水烧开，下入桂皮、八角、酱油、卤水和盐，放入全部材料，卤熟，捞出沥干。
3. 将牛肚、牛舌切片，牛蹄筋斩段，熟鸡蛋切瓣，摆放盘中即可。

专家点评 保肝护肾

千层顺风耳

材料 猪耳220克，胡萝卜适量

调料 盐、姜片、酱油、白糖各适量

做法

1. 猪耳用刀刮净，入沸水中汆熟后捞出浸冷水，洗净；胡萝卜洗净去皮。
2. 用猪耳将胡萝卜包裹住，盐、姜片、酱油、白糖、猪耳、胡萝卜一起入锅，加水煮熟。
3. 捞出待凉切片，摆盘即可。

适合人群 尤其适合儿童食用。

专家点评 增强免疫

豆角拌肚丝

材料 豆角200克，牛肚250克

调料 红椒、生抽、香油各10克，盐、味精各3克

做法

1. 豆角洗净，切段，入开水中烫熟；牛肚治净，入高压锅中煮熟，放凉后切丝，红椒洗净切圈。
2. 油锅烧热，入红椒爆香，下盐、味精、生抽调成味汁。
3. 豆角、牛肚盛盘，淋上味汁、香油即可。

适合人群 一般人都可食用，尤其适合男性食用。

专家点评 开胃消食

干豆角拌肚丝

材料 牛肚300克，干豆角150克

调料 盐3克，醋8克，酱油10克，青椒、红椒适量

做法

1. 牛肚洗净，切丝；青椒、红椒洗净，切丝，用沸水焯熟；干豆角泡发，切段，入锅中煮熟。
2. 锅内注水烧沸，入肚丝煮熟，捞起沥干和干豆角一起入盘，再放入青椒、红椒。
3. 加盐、醋、酱油拌匀即可。

适合人群 一般人都可食用，尤其适合男性。

专家点评 保肝护肾

竹笋杭椒炒牛肚

材料 牛肚150克，竹笋、杭椒各100克，彩椒少许

调料 盐、味精各2克

做法

1. 牛肚、竹笋均洗净，切段；杭椒去蒂、去籽，切段；彩椒洗净，切条。
2. 油锅烧热，下入牛肚炒香，下入杭椒、竹笋炒熟。
3. 加盐、味精调味，起锅装盘，撒上彩椒即可。

适合人群 一般人都可食用，尤其适合女性食用。

卤水三味拼

材料 牛肚、鸡脯肉、鸡翅各适量

调料 盐、酱油、卤水各适量

做法

1. 牛肚治净；鸡脯肉、鸡翅均治净，斩段。
2. 油锅烧热，下入鸡脯肉、鸡翅煎熟，捞起沥油，放入盘中，入微波炉保温。
3. 锅底留油，注入适量水，放入全部调料，放入牛肚卤熟，取出切片，与鸡脯肉和鸡翅放入盘中即可。

适合人群 一般人都可食用，尤其适合女性食用。

专家点评 防癌抗癌

翠绿银杏炒肚尖

材料 牛肚80克，银杏50克，芦笋60克，百合15克

调料 辣椒片、盐各5克，生抽、香油各10克

做法

1. 牛肚治净，汆水后，切片；银杏洗净；芦笋洗净，切段；百合洗净，掰小片；银杏、芦笋、百合、辣椒分别入水烫熟。
2. 将所有备好的材料下入油锅中炒熟，加盐、生抽、香油调味即可。

适合人群 一般人都可食用，尤其适合老年人食用。

专家点评 降低血压

脆肚花生

材料 牛肚500克，熟花生米、黄瓜丁、红椒块各适量

调料 姜片、料酒、葱段、盐、葱花各适量，高汤100克

做法

1. 牛肚洗净，切片，放入高压锅，加姜片、料酒、葱段、盐、高汤煮好，捞出。
2. 油锅烧热，入黄瓜、红椒，加盐炒匀，加牛肚、花生米炒匀，加葱花炒匀，装盘即可。

适合人群 一般人都可食用，尤其适合老年人食用。

专家点评 防癌抗癌

尖椒爆羊杂

材料 羊肝、羊肺、羊肚各250克，尖椒50克

调料 盐、味精各3克，生抽、香油各10克

做法

1. 羊肝、羊肺、羊肚治净，切片，入沸水中汆一下；尖椒洗净，切片。
2. 油锅烧热，下尖椒爆香，入羊肝、羊肺、羊肚炒熟。
3. 下盐、味精、生抽、香油调味，盛盘即可。

适合人群 一般人都可食用，尤其适合男性食用。

专家点评 增强免疫

红焖羊肉百家菜

材料 羊肉、羊杂各1000克，金针菇、白菜片各150克

调料 孜然、料酒、红油、盐、葱、香菜、干红椒段各适量

做法

1. 羊肉洗净，切片，汆去血水；羊杂、金针菇、白菜片洗净。
2. 油锅烧热，入羊肉、羊杂煸炒5分钟后，放料酒、盐、孜然、红油煸炒，加水焖至肉烂，入金针菇、白菜焖至熟，加香菜、葱、干红椒调味即可。

熏酱牛宝

材料 牛宝250克，牛蹄筋150克

调料 盐3克，桂皮3克，酱油适量

做法

1. 牛宝、牛蹄筋均洗净。
2. 净锅放入牛宝、牛蹄筋，加水淹没，放入全部调料，煮至汤收浓汁。
3. 取出冷却，牛宝切片，牛蹄筋切小段，放入盘中摆放整齐，即可食用。

适合人群 一般人都可食用，尤其适合男性食用。

专家点评 保肝护肾

干锅羊杂

材料 羊杂2000克，蒜苗20克

调料 料酒、红油、泡椒、大蒜、豆瓣酱各10克，盐3克

做法

1. 羊杂洗净切碎；大蒜去皮，洗净待用；蒜苗洗净，切段。
2. 油锅烧热，入红油、泡椒、大蒜、豆瓣酱、蒜苗，小火爆香。
3. 入羊杂炒熟，烹料酒，加盐，用水焖30分钟，装入干锅即可。

适合人群 一般人都可食用，尤其适合男性食用。

鸡胗魔芋结

材料 鸡胗400克，魔芋结150克，熟芝麻少许

调料 盐3克，醋8克，酱油10克，红油15克

做法

1. 鸡胗洗净，切片，用盐、醋腌渍待用；魔芋结洗净备用。
2. 锅内注油烧热，放入鸡胗翻炒至变色后，加入魔芋结翻炒至熟。
3. 调入盐，烹入醋、酱油、红油，加水烧开，撒上芝麻即可。

适合人群 一般人都可食用，尤其适合女性食用。

宫保鸡胗花

材料 鸡胗200克，麻花100克，青、红椒圈、干辣椒圈、蒜苗各适量

调料 盐、醋、酱油、料酒各少许

做法

1. 鸡胗洗净，切块；蒜苗洗净，切段。
2. 锅洗净，置火上，注入油烧热，下鸡胗翻炒至变色，放入麻花、青椒、红椒、干辣椒、蒜苗炒匀。
3. 再加入盐、醋、酱油、料酒炒至熟即可。

菊花鸡胗

材料 鸡胗300克

调料 盐3克，味精2克，料酒、酱油各8克，熟芝麻、水淀粉各10克

做法

1. 鸡胗治净，切花刀，加盐、料酒、水淀粉腌渍上浆。
2. 油锅烧热，下鸡胗爆炒片刻，加酱油炒至上色。
3. 调入味精炒匀，撒上熟芝麻即可。

适合人群 一般人都可食用，尤其适合女性食用。

板栗烧鸡杂

材料 鸡心、鸡肠、鸡胗、板栗各100克

调料 盐、料酒、酱油、青红椒各适量

做法

1. 鸡心洗净，在顶部切花刀；鸡肠洗净，切段；鸡胗洗净，切花刀；板栗煮熟，去壳、皮。
2. 油锅烧热，入青、红椒爆香，下鸡杂翻炒，烹料酒、盐、酱油，下板栗同炒，加清水烧开，收汁即可。

适合人群 一般人都可食用，尤其适合男性食用。

专家点评 保肝护肾

鸡杂钵

材料 鸡胗、鸡心各100克

调料 盐3克，味精1克，醋8克，老抽10克，青椒、红椒、大蒜各少许

做法

1. 鸡胗、鸡心洗净，切开；青、红椒洗净，切圈；大蒜洗净。
2. 锅内注油烧热，下鸡胗、鸡心翻炒至变色，加入盐、醋、老抽入味。
3. 再放入青椒、红椒、大蒜翻炒至熟，加入味精调味即可。

适合人群 一般人都可食用，尤其适合女性食用。

火爆鸡肾

材料 鸡肾300克，黑木耳、泡椒各适量，竹笋50克

调料 盐3克，醋8克，生抽10克

做法

1. 鸡肾洗净，切片，加盐、醋腌渍待用；黑木耳泡发洗净；竹笋洗净，切成片。
2. 锅内注油烧热，放入鸡肾翻炒至发白，加入竹笋、黑木耳、泡椒炒匀，再加入盐、醋、生抽炒至熟，起锅装盘即可。

适合人群 一般人都可食用，尤其适合女性食用。

专家点评 益气补血

碧绿鲍汁鸡肾

材料 鲍汁80克，鸡肾250克，西兰花200克

调料 鸡精3克，盐2克，老抽5克，料酒适量

做法

1. 鸡肾洗净，切十字花刀；西兰花洗净，掰成小朵，入沸水中焯水，捞出摆盘。
2. 油锅烧热，放鸡肾爆炒熟后，捞出盛盘；锅中再加油烧热，下鲍汁、鸡精、老抽、盐、料酒炒匀，淋在盘中鸡肾上即可。

适合人群 一般人都可食用，尤其适合老年人食用。

专家点评 增强免疫

银杏鸡肾

材料 鸡肾180克，银杏150克，枸杞5克

调料 盐、鸡精各3克，香油10克

做法

1. 鸡肾洗净，入沸水中汆去血水；银杏去壳，洗净，入开水中烫一下；枸杞洗净。
2. 油锅烧热，下鸡肾煸炒，放银杏炒香。
3. 加枸杞、盐、鸡精、香油炒匀，盛盘即可。

适合人群 一般人都可食用，尤其适合女性食用。

专家点评 提神健脑

提锅牛鞭鸡肾

材料 鸡肾200克，牛鞭200克，蒜苗适量，红椒少许

调料 盐3克，醋8克，酱油10克

做法

1. 鸡肾洗净，切块；牛鞭洗净，切块；蒜苗洗净，切片；红椒洗净，切开。
2. 油锅烧热，下鸡肾、牛鞭翻炒，放入蒜苗、红椒一起炒匀。
3. 加入盐、醋、酱油炒至熟，起锅装盘即可。

适合人群 一般人都可食用，尤其适合男性食用。

川穹黄酒煮鸡肾

材料 鸡肾500克，黄酒300克，板栗80克，枸杞、当归片、黄芪、芹菜各适量

调料 盐3克

做法

1. 鸡肾洗净，汆水后捞出；板栗去皮洗净；芹菜洗净，切段；枸杞、当归、黄芪洗净。
2. 锅内注水，放入板栗、枸杞、当归、黄芪焖煮至板栗将熟时，放入鸡肾同煮。
3. 倒入黄酒继续焖煮半小时，放入芹菜，调入盐即可。

适合人群 一般人都可食用，尤其适合孕产妇食用。

鸡心鸡胗串

材料 鸡胗140克，鸡心150克

调料 盐2克，豆豉、蒜片、盐、胡椒粉、绍酒、孜然粉各适量

做法

1. 鸡胗洗净切块；鸡心洗净，摘除杂质，切花刀，加豆豉、蒜片、盐、胡椒粉、绍酒腌渍10分钟。
2. 将腌好的鸡胗、鸡心用竹签串好，刷上油，入微波炉烤至熟。
3. 加孜然粉调味即可。

适合人群 一般人都可食用，尤其适合女性食用。

风味鸡心

材料 鸡心300克

调料 盐2克，黄酒10克，姜末、豆豉酱、葱段、白糖各适量

做法

1. 将鸡心的气管摘除，洗净淤血，用水冲至发白，倒入黄酒拌匀，腌渍15分钟去腥，用牙签串好。
2. 锅中注清水烧热，鸡心入锅汆至七分熟捞出；另起油锅烧热，下姜末和豆豉酱爆香，迅速倒入鸡心和葱段，翻炒。
3. 放盐和白糖调味，起锅装盘即可。

适合人群 一般人都可食用，尤其适合老年人食用。

榄菜鸡心

材料 鸡心、橄榄菜各150克

调料 盐、味精各3克，香油10克，熟芝麻适量

做法

1. 鸡心治净，用沸水汆去血水后捞出切片；橄榄菜洗净，切碎。
2. 油锅烧热，下鸡心、橄榄菜同炒片刻。
3. 调入盐、味精炒匀，淋入香油，撒上熟芝麻即可。

适合人群 一般人都可食用，尤其适合女性食用。

专家点评 增强免疫

串烤鸡皮

材料 鸡皮120克，柠檬30克

调料 盐2克，胡椒粉、生抽、孜然粉各适量

做法

1. 鸡皮洗净切块，加盐、胡椒粉、生抽稍腌。
2. 将腌好的鸡皮穿在竹签上，上火烤制，烤制中多翻转鸡皮串，刷上油以免烤焦，加两次孜然粉和盐。
3. 柠檬榨汁，浇在鸡皮串上即可。

适合人群 一般人都可食用，尤其适合女性食用。

专家点评 补血养颜

美味鸡肝

材料 鸡肝180克

调料 盐2克，大料、葱、姜各3克，糖5克，酱油适量

做法

1. 鸡肝洗净，冷水浸泡1小时，换水后再浸泡1小时，冲洗干净
2. 锅中注水烧开，加少许醋，入鸡肝煮熟后加入大料、葱、姜、糖、酱油，小火炖1小时。
3. 加大蒜，继续加热15分钟，停火，入盐调味即可。

适合人群 一般人都可食用，尤其适合女性食用。

鸡鸭血豆腐

材料 鸡鸭血豆腐150克，豆腐150克，青豆40克

调料 盐2克，孜然粉、花椒粉各3克，葱段、姜片、蒜各适量

做法

1. 鸡鸭血豆腐洗净切小块；豆腐洗净切小块；青豆洗净，入水煮熟后捞出。
2. 锅内加入适量清水，放葱段、姜片、蒜烧开，加入孜然、花椒粉，入鸡鸭血、豆腐、青豆，中火慢烧10分钟。
3. 加盐调味即可。

适合人群 一般人都可食用，尤其适合女性食用。

肉皮烩鸡鸭血

材料 鸡鸭血220克，肉皮150克

调料 盐1克，黄酒、高汤、味精、胡椒粉、大蒜、葱、姜各适量

做法

1. 鸡鸭血洗净切块；肉皮洗净切块；大蒜、葱洗净切段；姜洗净去皮切片。
2. 锅中注油烧热，用葱姜炝锅后加黄酒、高汤煮开，入鸡鸭血、肉皮同煮，烧开后撇去浮沫。
3. 入盐、味精、胡椒粉调味，装盆时撒上大蒜段，滴上麻油即成。

适合人群 尤其适合孕产妇食用。

常德鸡杂钵

材料 鸡肠、鸡肝、鸡子、鸡肾各100克

调料 盐2克，红椒段、蒜苗段各3克、蒜瓣、白醋、红油各适量

做法

1. 鸡肠洗净，切成段；鸡肝、鸡肾洗净，切片；鸡子洗净；蒜瓣洗净。
2. 油锅烧热，下蒜苗、蒜瓣、红椒炒香，再入鸡肠、鸡肾、鸡肝、鸡子翻炒。
3. 倒入高汤烧开，调入盐、白醋，淋入红油即可。

适合人群 一般人都可食用，尤其适合女性食用。

小炒鸡冠

材料 鸡冠200克，芹菜40克，红椒适量

调料 盐2克，蒜、姜、鸡精、白糖、酱油各适量，料酒100克

做法

1. 鸡冠洗净，冷水下锅，下入料酒，煮出浮沫后捞出，切好；芹菜、蒜、红椒、姜分别洗净切好。
2. 锅内热油，依次下入蒜、姜，中火煸出香味，入鸡冠、芹菜翻炒。
3. 加盐、鸡精、白糖、酱油调味，入红椒炒匀后起锅装盘即可。

适合人群 一般人都可食用，尤其适合女性食用。

鸡血钵

材料 鸡血300克，鸡胗80克

调料 盐3克，酱油、红油、料酒各10克，红椒圈、葱花各适量

做料

1. 鸡血、鸡胗均洗净，切块。
2. 油锅烧热，入鸡胗爆炒，再下鸡血、红椒略炒后，注水烧开，调入盐、酱油、料酒煮10分钟。
3. 淋入红油，撒上葱花即可。

适合人群 一般人都可食用，尤其适合男性食用。

血旺焖鸡胗

材料 猪血300克，鸡胗200克，红椒20克

调料 盐3克，料酒、红油各10克，香菜15克，大蒜12克

做法

1. 猪血洗净，切块；鸡胗洗净，切片；大蒜去皮，切丁；香菜、红椒洗净。
2. 油锅烧热，下大蒜、红椒爆香；入猪血、鸡胗同炒片刻，注水同煮，盖盖焖至鸡胗、猪血熟透，调入盐、料酒拌匀，淋入红油，撒上香菜即可。

适合人群 尤其适合女性食用。

鸭血焖鸡杂

材料 鸭血、鸡肝、鸡胗各100克

调料 红椒粒20克，葱花、红油各15克，盐3克

做法

1. 鸭血切块；鸡肝洗净，切块；鸡胗洗净，剞花刀，再切块。
2. 油锅烧热，下鸭血、鸡肝、鸡胗爆炒，再加红椒续炒5分钟。
3. 加入鲜汤，调入盐、红油烧开，撒上葱花即可。

适合人群 一般人都可食用，尤其适合女性食用。

泰式鸡筋

材料 鸡筋220克，莴笋50克

调料 盐、味精各1克，姜、蒜、辣椒酱、料酒、醋各适量

做法

1. 鸡筋洗净，入锅中氽水，浸入冷水备用；莴笋洗净切块，入水氽熟后浸冷水；姜、蒜去皮，洗净切片。
2. 油锅注油烧热，下入姜、蒜煸香，入辣椒酱、料酒、盐、味精、醋，制成味汁，放凉。
3. 将鸡筋、莴笋置于盘中，加味汁拌匀即可。

适合人群 一般人都可食用，尤其适合女性食用。

香拌鸡筋

材料 鸡筋240克，熟白芝麻适量

调料 盐、味精各1克，姜、蒜、料酒、醋各适量

做法

1. 鸡筋洗净入锅中汆水，浸入冷水备用；姜洗净去皮切丝；蒜洗净去皮。
2. 姜、蒜加料酒、盐、味精、醋，制成味汁备用。
3. 鸡筋加味汁拌匀，撒上熟白芝麻即可。

适合人群 一般人都可食用，尤其适合女性食用。

专家点评 养心润肺

酸辣鸡筋

材料 水发鸡筋300克，辣椒30克，香菜段适量

调料 盐2克，红油20克，味精、醋、料酒、辣椒粉、姜、蒜各适量，水淀粉50克

做法

1. 鸡筋洗净，入锅中汆水后浸泡在冷水中；辣椒洗净切圈；蒜、姜去皮，洗净切片。
2. 油锅注油烧热，下入姜、蒜、辣椒圈煸香，入鸡筋、料酒、盐、味精、醋、辣椒粉，一同翻炒均匀。
3. 用水淀粉勾芡，淋入红油，装盘后撒上香菜即可。

适合人群 一般人都可食用，尤其适合男性食用。

泡菜凤爪

材料 鸡爪300克，泡菜100克，泡椒10克

调料 盐3克，味精1克，醋8克，生抽10克，红椒适量

做法

1. 鸡爪洗净，拆去骨头，下入沸水中汆去血水；红椒洗净，切片。
2. 锅内注油烧热，下鸡爪翻炒至发白后，加入泡菜、泡椒、红椒翻炒。
3. 加入盐、醋、生抽炒至熟，加入味精调味，起锅装盘即可。

适合人群 一般人都可食用，尤其适合老年人食用。

泡椒拌凤爪

材料 鸡爪350克，泡红椒100克

调料 盐、醋各适量，芹菜段5克，大蒜片、姜、洋葱各3克

做法

1 鸡爪治净，汆水后捞出切开；洋葱洗净，切片；姜洗净，切块。

2 将泡红椒、盐、醋、大蒜片、芹菜、姜、洋葱加适量凉开水调成泡椒水。

3 将鸡爪放入泡椒水中，浸泡2天即可。

适合人群 一般人都可食用，尤其适合女性食用。

酱凤爪

材料 鸡爪300克，青、红椒圈各10克

调料 盐、老抽各4克，白糖10克，胡椒粉、面粉各少许，水淀粉50克

做法

1 鸡爪治净，汆水后捞出，入油锅炸至金黄色，用水淀粉上浆；取水加老抽、白糖、面粉、胡椒粉搅匀做成酱汁。

2 将鸡爪入笼蒸6分钟。

3 取锅烧开酱汁，加入青椒、红椒圈、麻油，淋在鸡爪上即可。

适合人群 一般人都可食用，尤其适合女性食用。

辣味脆鸭胗

材料 鸭胗250克

调料 盐、味精各3克，香油10克，青椒、红椒、辣椒酱各适量

调料

1 鸭胗洗净，切片，汆水后捞出；青、红椒均洗净，切片，焯水后取出。

2 将鸭胗、青椒、红椒、辣椒酱同拌。

3 调入盐、味精拌匀，淋入香油即可。

适合人群 一般人都可食用，尤其适合女性食用。

专家点评 开胃消食

菊花鸭胗

材料 鸭胗350克

调料 盐、味精各3克，料酒、红椒、香油各10克

做法

1. 鸭胗洗净，切花；红椒洗净，切丝。
2. 将鸭胗入沸水锅中，加盐、料酒待煮熟后，捞出入盘。
3. 调入味精、香油拌匀，撒上红椒丝即可。

适合人群 一般人都可食用，尤其适合女性食用。

专家点评 补血养颜

鸭胗大虾仁

材料 鸭胗200克，虾仁、胡萝卜各少许

调料 盐、味精各2克

做法

1. 鸭胗治净，切成片；虾仁治净；胡萝卜洗净，切花。
2. 锅入水烧开，分别下入鸭胗、虾仁、胡萝卜烫熟，捞出沥水，入盘。
3. 加盐、味精调味，拌匀即可。

适合人群 一般人都可食用，尤其适合女性食用。

专家点评 增强免疫

虾酱芦笋炒鸭舌

材料 鸭舌200克，芦笋150克，胡萝卜100克

调料 盐3克，虾酱15克，红椒10克

做法

1. 鸭舌治净，切段；芦笋洗净，切段；胡萝卜洗净，切花；红椒洗净，切圈。
2. 锅注油烧热，下鸭舌炒尽血色，放入芦笋、胡萝卜，炒熟。
3. 调盐、虾酱炒匀，起锅入盘，撒上红椒即可。

适合人群 一般人都可食用，尤其适合女性食用。

专家点评 防癌抗癌

河虾芦笋鸭舌拼

材料 河虾250克，鸭舌、芦笋各200克

调料 盐3克，醋、料酒各适量

做法

1. 河虾、鸭舌均治净，加料酒、盐腌渍入味；芦笋洗净，切长段。
2. 将河虾、鸭舌、芦笋摆盘，倒入少许水，放入蒸锅蒸熟。
3. 取出，淋入醋即可食用。

适合人群 一般人都可食用，尤其适合男性食用。

专家点评 养心润肺

绝味鸭脖

材料 鸭脖400克，熟芝麻少许

调料 盐、醋、酱油、辣椒油、香油各适量，香菜30克

做法

1. 鸭脖洗净，切段，用盐、香油腌渍待用；香菜洗净。
2. 锅内注水烧沸，放入鸭脖汆熟后，捞起晾干并装盘。
3. 再加入盐、醋、酱油、辣椒油、香油拌匀，撒上香菜、熟芝麻即可。

适合人群 一般人都可食用，尤其适合女性食用。

芥末鸭肠

材料 鸭肠400克，芥末少许

调料 盐3克，味精1克，醋8克，生抽10克

做法

1. 鸭肠剪开洗净，切成长段，用盐、醋稍腌渍后待用。
2. 锅内注油烧热，下鸭肠翻炒至发白时，加入盐、醋、芥末、生抽一起炒匀。
3. 翻炒至熟后，加入味精调味，起锅装盘即可。

适合人群 一般人都可食用，尤其适合女性食用。

竹笋鸭肠玉米汤

材料 鸭肠150克，竹笋75克，玉米粒30克

调料 盐3克，酱油少许，葱、姜各2克

做法

1 将鸭肠洗净切段，竹笋洗净切片，玉米粒洗净备用。

2 汤锅上火倒入油，将葱、姜爆香，下入鸭肠烹炒，调入酱油，倒入水，调入精盐，下入竹笋、玉米粒煲至熟即可。

适合人群 一般人都可食用，尤其适合老年人食用。

专家点评 降低血压

盐水鸭肝

材料 鸭肝400克

调料 花椒3克，葱段15克，姜片10克，盐5克，料酒15克

做法

1 鸭肝洗净。

2 锅中加清水烧开，下葱段、姜片、花椒稍煮，再放鸭肝、盐、料酒同煮后，将鸭肝捞出装入碗中。

3 原汤过滤，淋在鸭肝上即可。

适合人群 一般人都可食用，尤其适合孕产妇食用。

葱爆鸭心

材料 鸭心200克，大葱150克

调料 盐4克，酱油、香油各10克，大蒜10克

做法

1 鸭心治净，切片，入沸水中氽一下，捞出加盐、酱油腌15分钟；大葱洗净，切段；大蒜去皮，切成薄片。

2 油锅烧热，入大葱、蒜片爆香，再下鸭心大火炒熟，下入盐、酱油、香油调味，盛盘即可。

适合人群 一般人都可食用，尤其适合男性食用。

专家点评 保肝护肾

黄金鸭血

材料 鸭血200克，鸡蛋2个

调料 盐、味精各2克、醋、酱油各适量，红椒、大蒜、香菜各5克

做法

1. 鸭血洗净，切成厚片；鸡蛋入油锅中煎成荷包蛋备用；红椒洗净，切圈；大蒜、香菜洗净。
2. 将鸡蛋装碗，加入盐、味精、醋、酱油拌匀，再放入鸭血，撒上红椒、大蒜。
3. 放入蒸锅中蒸熟后，取出，撒上香菜即可。

适合人群 一般人都可食用，尤其适合儿童食用。

专家点评 增强免疫

美极鸭下巴

材料 鸭下巴350克

调料 盐、味精、酱油、黄各适量，白糖、青椒末、红椒末、姜末各5克

做法

1. 鸭下巴洗净，用盐、味精、酱油、黄酒、白糖、青椒末、红椒末、姜末腌渍3小时。
2. 油锅烧热，放入鸭下巴炸至上色。
3. 出锅装盘即可。

适合人群 一般人都可食用，尤其适合儿童食用。

专家点评 增强免疫

风味鸭头

材料 鸭头350克

调料 盐3克，酱油、黄酒、白糖各适量，青椒末、红椒末、姜末5克

做法

1. 鸭头洗净，用盐、酱油、黄酒、白糖、姜末腌渍3小时。
2. 油锅烧热，放入鸭头翻炒至熟，再加少许水焖至水干时，捞出排盘。
3. 青、红椒末入锅炒熟，淋在鸭头上即可。

适合人群 一般人都可食用，尤其适合女性食用。

专家点评 增强免疫

黄瓜鸭掌

材料 黄瓜50克，鸭掌80克

调料 芝麻酱、生抽、香油各15克，盐、味精各4克

做法

1. 黄瓜洗净，切成小薄片，摆放在盘中。
2. 鸭掌剥去外皮，用开水煮熟，脱骨并去掌筋，切成小块，码在黄瓜上。
3. 把芝麻酱、盐、味精、生抽、香油调成味汁，淋在鸭掌上即可。

适合人群 一般人都可食用，尤其适合女性食用。

专家点评 排毒瘦身

脆皮鸭掌

材料 鸭掌250克，鸡蛋液适量

调料 盐4克，红椒、生抽各10克，水淀粉10克

做法

1. 鸭掌治净，用开水煮熟，脱骨并去掌筋，沾上鸡蛋液、水淀粉；红椒洗净，切碎。
2. 油锅烧热，下鸭掌炸至金黄色，捞起，沥干油分。
3. 油锅烧热，入盐、红椒、生抽调成味汁，淋在鸭掌上即可。

适合人群 一般人都可食用，尤其适合儿童食用。

专家点评 增强免疫

一品鞭花烩鸭掌

材料 牛鞭100克，鸭掌、上海青各250克，枸杞20克

调料 高汤100克，鸡汁20克，蚝油、鸡油、红油各适量

做法

1. 牛鞭洗净，切成花状，上笼蒸熟至软透待用；鸭掌洗净，去骨，上笼蒸熟；上海青、枸杞洗净，烫熟，摆盘待用。
2. 锅烧热，下高汤、牛鞭和鸭掌，入除红油外的其他调味料煮开，装入放上海青的盘中，淋红油即可。

豌豆凉粉鹅肠

材料 豌豆凉粉200克，鹅肠200克

调料 盐3克，味精1克，醋8克，酱油15克，香菜少许

做法

1. 豌豆凉粉洗净，切块；鹅肠剪开，洗净，切成长段；香菜洗净。
2. 锅内注水烧沸，下凉粉与鹅肠煮熟后，捞起沥干，并装入盘中。
3. 用盐、味精、醋、酱油调成汁，浇在凉粉、鹅肠上，撒上香菜即可。

适合人群 一般人都可食用，尤其适合女性食用。

酥玉米爆鹅肠

材料 鹅肠200克，酥豌豆、酥玉米各100克

调料 盐3克，味精1克，醋8克，酱油10克，干辣椒适量

做法

1. 鹅肠剪开洗净，切成长段；干辣椒洗净，切圈。
2. 锅内注油烧热，下鹅肠、干辣椒炒匀，再加入酥豌豆、酥玉米翻炒均匀。
3. 加入盐、醋、酱油翻炒至熟后，加入味精调味，起锅装盘即可。

适合人群 一般人都可食用，尤其适合男性食用。

碧绿鲍汁鹅肝

材料 鹅肝、黄瓜、西兰花、圣女果各适量

调料 鲍汁20克，盐3克

做法

1. 鹅肝治净，切圆形块，打上花刀；黄瓜洗净，切花；西兰花洗净，切成小朵；圣女果洗净，切开。
2. 将鹅肝、黄瓜、西兰花摆放入盘中，上蒸锅隔水蒸熟，取出。
3. 油锅烧热，将鲍汁、盐调成味汁，淋在鹅肝上，撒入圣女果即可。

适合人群 一般人都可食用，尤其适合男性食用。

酒香鹅肝

材料 鹅肝150克，黄瓜适量

调料 盐3克，清酒、麻油各适量

做法

1. 鹅肝治净；黄瓜洗净，切薄片，备用。
2. 热锅入水烧开，放入清酒煮香，下鹅肝煮沸，加盐煮熟。
3. 捞出，控净水，切片，放入黄瓜摆盘，淋入麻油即可。

适合人群 一般人都可食用，尤其适合女性食用。

专家点评 排毒瘦身

一品鹅肝

材料 鹅肝100克，香干200克

调料 盐、味精各3克，红椒、香菜段、香油各适量

做法

1. 鹅肝洗净，氽水后捞出，切片；香干洗净，焯水后取出，切片，摆在盘边；红椒洗净，切丝；香菜洗净。
2. 将鹅肝调入盐、味精拌匀后，置于香干上。
3. 撒上红椒丝、香菜，刷上香油即可。

适合人群 一般人都可食用，尤其适合孕产妇食用。

专家点评 补血养颜

双椒鹅胗

材料 鹅胗200克，锅巴100克，青椒、红椒各适量

调料 盐3克，醋8克，酱油10克

做法

1. 鹅胗洗净，切丝；青椒、红椒洗净，切丝；锅巴折成小块。
2. 锅内注油烧热，下鹅胗翻炒至变色后，加入锅巴与青椒、红椒炒匀。
3. 再加入盐、醋、酱油翻炒至熟后，起锅装盘即可。

适合人群 一般人都可食用，尤其适合女性食用。

榨菜鹅胗

材料 鹅胗150克，榨菜100克，熟芝麻少许

调料 盐3克，味精2克，醋5克，红油10克

做法

1. 鹅胗洗净，去尽筋膜，切片；榨菜洗净，切片。
2. 油锅烧热，下入鹅胗炒香，加入榨菜炒熟。
3. 加盐、味精、醋、红油调味，起锅装盘，撒上熟芝麻即可。

适合人群 一般人都可食用，尤其适合男性食用。

专家点评 开胃消食

鲍汁辽参扣鹅掌

材料 鹅掌1只，辽参100克，鲍汁30克

调料 蚝油、盐、火腿汁、淀粉各适量

做法

1. 鹅掌治净，入油锅稍炸后，再入锅蒸至熟软；辽参洗净，入沸水中汆烫后，捞出。
2. 油锅烧热，加上汤，放蚝油、盐调味，入辽参烧沸后，与鹅掌同装盘；将鲍汁、火腿汁烧沸，勾芡，淋在鹅掌上即可。

适合人群 一般人都可食用，尤其适合男性食用。

专家点评 增强免疫

风味鱼杂

材料 鱼子、鱼鳔各适量，豆腐100克，红椒50克

调料 盐3克，葱花、香菜末、酱油、辣椒面、花椒各适量

做法

1. 豆腐切块，焯水后捞出；鱼子、鱼鳔洗净。
2. 油锅烧热，入花椒炝香后烹入酱油，放入鱼子、鱼鳔、豆腐，注入清水，放红椒、辣椒面，加盐炖15分钟。
3. 出锅前放入葱、香菜即可。

适合人群 一般人都可食用，尤其适合男性食用。

专家点评 增强免疫

鱼子烧豆腐

材料 嫩豆腐300克，鱼子100克

调料 盐2克，番茄酱、葱花、高汤、料酒各适量

做法

1. 嫩豆腐洗净切方块，氽水后捞出；鱼子治净。
2. 油锅烧热，下鱼子，炒至八分熟时捞出控油。
3. 锅置火上，烹入料酒，注入高汤烧沸，倒入鱼子、豆腐，加盐、番茄酱焖煮，撒上葱花即可。

适合人群 一般人都可食用，尤其适合儿童食用。

专家点评 提神健脑

黄焖鱼子

材料 鱼子、鱼鳔各200克，青椒块、红椒块、蒜苗段各适量

调料 盐、味精各3克，料酒、红油各10克

做法

1. 鱼子、鱼鳔均洗净。
2. 油锅烧热，下鱼子、鱼鳔炒至八成熟，再下入青、红椒同炒。
3. 注入清水烧开，放入蒜苗煮片刻，调入盐、味精、料酒拌匀，淋入红油即可。

适合人群 一般人都可食用，尤其适合孕产妇食用。

专家点评 提神健脑

香味鱼杂

材料 鱼鳔、鱼子各适量

调料 盐3克，生抽10克，红椒、蒜苗、香菜各少许

做法

1. 鱼鳔、鱼子均洗净；红椒洗净，切圈；蒜苗洗净，切段；香菜洗净。
2. 锅内注油烧热，放入鱼鳔、鱼子稍炒后，注入适量水焖煮。
3. 再加入蒜苗、红椒煮至熟后，加入盐、生抽调味，撒上香菜即可。

适合人群 一般人都可食用，尤其适合男性食用。

酸辣鱼杂

材料 鱼子、鱼鳔各适量，蒜薹20克，红椒10克

调料 盐3克，醋10克，酱油12克，大蒜适量

做法

1. 鱼子、鱼鳔均洗净；蒜薹洗净，切段；红椒洗净，切圈；大蒜洗净，切片。
2. 锅内注油烧热，放入鱼子、鱼鳔爆炒至熟后，加入蒜薹、红椒、大蒜炒匀。
3. 炒至熟后，加入盐、醋、酱油调味，起锅装盘即可。

适合人群 一般人都可食用，尤其适合女性食用。

湘炖鱼子鱼鳔

材料 鱼子、鱼鳔、豆腐各100克，紫菜少许

调料 盐2克，味精1克，酱油10克，红椒丁少许

做法

1. 鱼子、鱼鳔洗净；豆腐洗净，切块；紫菜洗净，撕成小片。
2. 锅内注水，放入鱼子、鱼鳔煮至汤沸，放入豆腐、紫菜一起焖煮。
3. 煮至熟后，撒入红椒丁，加入盐、酱油入味，味精调味，起锅装盘即可。

适合人群 一般人都可食用，尤其适合儿童食用。

鱼子水果沙拉盏

材料 火龙果半个，橙子2个，圣女果、葡萄各3颗，鱼子适量

调料 卡夫奇妙酱适量

做法

1. 火龙果洗净，挖瓤切丁后作为器皿。
2. 橙子一个切片，一个去皮切丁；圣女果、葡萄洗净，对切放盘底；鱼子用凉开水洗净备用。
3. 将火龙果丁、橙子丁放入器皿中，淋上卡夫奇妙酱，撒上鱼子、橙子片造型即可。

适合人群 一般人都可食用，尤其适合儿童食用。

小鱼面饼

材料 小鱼500克，面饼9个

调料 盐3克，醋8克，酱油15克，料酒12克，香菜少许，味精2克

做法

1. 小鱼治净，两面横切几刀，加料酒、盐腌渍入味；香菜洗净，切段。
2. 锅内加油烧热，放入鱼煎至金黄色后，注水焖煮。
3. 煮至熟后，加入盐、醋、酱油、料酒、味精调味，撒上香菜，用面饼围边即可。

适合人群 一般人都可食用，尤其适合儿童食用。

紫苏鱼杂

材料 鱼杂300克，紫苏叶少许，红椒适量

调料 盐3克，葱段、蒜、红油、料酒各适量

做法

1. 蒜洗净；红椒洗净切圈；鱼杂治净，加料酒略腌。
2. 油锅烧热，放鱼杂下锅爆至断生后盛盘。
3. 余油烧热，下蒜、红椒翻炒后下红油，翻匀后倒入水，烧沸后倒入鱼杂，放入紫苏叶、葱段即可。

适合人群 一般人都可食用，尤其适合女性食用。

胡萝卜脆鱼皮

材料 鱼皮100克，胡萝卜200克

调料 盐3克，味精1克，醋10克，生抽12克，料酒5克，葱少许

做法

1. 鱼皮洗净，切丝；胡萝卜洗净，切丝；葱洗净，切花。
2. 锅内注水烧沸，分别放入鱼皮、胡萝卜丝焯熟后，捞起沥干并装入盘中。
3. 再加入盐、味精、醋、生抽、料酒拌匀，撒上葱花即可。

适合人群 一般人都可食用，尤其适合女性食用。

鱼皮花生

材料 红椒8克，鱼皮80克，花生米120克

调料 酱油、蚝油各10克，味精、盐各3克

做法

1. 鱼皮洗净，入开水中烫熟，捞出沥干，装盘；花生米洗净；红椒洗净，切丝。
2. 油锅烧热，入花生米炒熟，放红椒、酱油、蚝油、味精、盐炒香，制成味汁。
3. 将味汁淋在鱼皮上，拌匀即可。

适合人群 一般人都可食用，尤其适合男性食用。

专家点评 保肝护肾

葫芦瓜煮肉丸

材料 葫芦瓜、肉丸各200克，粉丝50克

调料 盐、味精各3克，香油、葱花各10克，清汤少许

做法

1. 葫芦瓜去皮，洗净，切块；肉丸洗净；粉丝用温水泡发。
2. 油锅烧热，下肉丸稍炸，加葫芦瓜拌炒，倒入清汤烧开，再放入粉丝同煮5分钟。
3. 调入盐、味精、香油，撒上葱花即可。

适合人群 尤其适合女性食用。

专家点评 增强免疫

赛狮子头

材料 猪肉1200克，烫好的西兰花、粉皮、粉丝各200克

调料 盐、姜末各3克，料酒、水淀粉、糖、酱油各适量

做法

1. 烫好的粉丝铺盘底；猪肉剁碎，加姜末、水、盐、料酒、淀粉搅拌揉成圆团，入油锅稍炸，加热水没过肉团，慢火炖好，捞出装盘。
2. 粉皮放碗里，上面放西兰花，倒扣在盘中间。
3. 油锅烧热，放入糖、酱油、盐、水淀粉调成味汁，淋在盘内即可。

香干炒黑豆芽

材料 香干200克，黑豆芽100克，猪肉100克，红椒适量

调料 盐3克，味精2克，醋8克，生抽10克

做法

1. 香干洗净，切条；黑豆芽洗净；猪肉洗净，切条；红椒洗净，切丝。
2. 锅内注油烧热，下肉条炒至快熟时，调入盐、味精。
3. 再放入香干、黑豆芽、红椒并烹入醋、生抽一起翻炒，起锅装盘即可。

适合人群 尤其适合女性食用。

农家一锅出

材料 猪肉、玉米段各100克，豆角段、土豆块各60克，玉米面饼8个

调料 盐、味精各3克，香油、番茄酱各10克

做法

1. 猪肉洗净，切块。
2. 油锅烧热，下猪肉炒至变色，下豆角、玉米、土豆和适量清水焖3分钟。
3. 加盐、味精、香油、番茄酱调味，摆上玉米面饼即可。

适合人群 尤其适合女性食用。

专家点评 补血养颜

金饼碎滑肉

材料 玉米饼10个，瘦肉400克，洋葱丁适量，青、红椒丁少许

调料 盐3克，醋8克，老抽10克

做法

1. 瘦肉洗净，切小片。
2. 油锅烧热，下瘦肉翻炒，调入盐，加入青、红椒丁、洋葱，并烹入醋、老抽，至汤汁收浓，起锅装入排有玉米饼的盘中即可。

适合人群 尤其适合老年人食用。

专家点评 降低血糖

坛肉干鲜菜

材料 五花肉块200克，上海青100克，土豆片150克

调料 盐、味精各3克，酱油10克

做法

1. 上海青洗净，剖成两半，烫熟；土豆片焯水。
2. 油锅烧热，下五花肉炒熟，捞起；锅底留油，入土豆炒2分钟，加盐、味精、酱油调味。
3. 将五花肉、上海青、土豆放入砂锅内，再煲10分钟即可。

适合人群 尤其适合女性食用。

专家点评 排毒瘦身

极品粽香肉

材料 糯米、五花肉各150克，鲜香菇片适量

调料 盐2克、酱油少许，香油、糖浆各适量

做法

1. 糯米洗净；五花肉洗净，切方丁，用酱油、盐腌渍。
2. 将糯米、香菇与少许盐和香油拌匀，再加适量水，放入蒸碗中，五花肉置其上，入锅中蒸1个小时取出。
3. 在肉皮上刷上糖浆即可。

适合人群 尤其适合孕产妇食用。

陕北大烩菜

材料 牛肉、冻豆腐、四季豆、包菜各100克，粉皮200克，土豆300克

调料 料酒100克，盐2克，酱油、醋、味精各适量

做法

1. 所有的原材料洗净，牛肉切片；土豆去皮，切块；四季豆切段；包菜、冻豆腐切块；粉皮温水泡发。
2. 油锅烧热，放入牛肉、土豆、四季豆、冻豆腐、包菜，加盐、醋、酱油翻炒均匀。
3. 炒至七成熟，放入粉皮翻炒均匀，加味精调味，装盘即可。

老醋全家福

材料 老醋20克，皮蛋、皮冻各30克，酱牛肉100克

调料 葱段、辣椒、香菜、盐各5克，酱油10克

做法

1. 皮蛋去皮，切小瓣；皮冻、酱牛肉洗净，切片；辣椒洗净，切圈，焯下水；香菜洗净。
2. 将皮蛋、皮冻、酱牛肉装入盘中，撒上葱、辣椒、香菜。
3. 盐、酱油、老醋调匀，淋在盘中即可。

适合人群 尤其适合女性食用。

专家点评 养心润肺

干锅牛腩

材料 牛腩300克，冬笋、莴笋、芹菜段各100克，熟芝麻少许

调料 高汤、盐、蚝油、干红椒段各适量

做法

1. 牛腩洗净，切块，汆水后捞出；冬笋洗净，切块；莴笋去皮洗净，切块。
2. 油锅烧热，下干红椒煸香，入牛腩、冬笋、莴笋、芹菜同炒，倒入高汤烧开，加盐、蚝油调味，撒上熟芝麻即可。

适合人群 一般人都可食用，尤其适合儿童食用。

荔芋牛肉煲

材料 牛肉250克，荔浦芋头100克、生菜、葱段各10克

调料 酱油10克，盐3克

做法

1. 牛肉洗净，切块，用盐腌渍；荔浦芋头蒸2分钟，去皮，洗净，切块；生菜洗净。
2. 油锅烧热，下牛肉、芋头过油，捞出。
3. 砂锅烧热，放入生菜、牛肉、芋头、酱油和适量水煮滚，放葱、盐即可。

适合人群 一般人都可食用，尤其适合男性食用。

专家点评 防癌抗癌

第十一篇

营养汤煲

——尽现美食精华

皮蛋油菜汤

材料 皮蛋100克，油菜200克，香菇、草菇各50克

调料 盐3克，蒜5克，枸杞5克，高汤400克

做法

1. 皮蛋去壳切块；香菇、草菇分别洗净切块；枸杞洗净；蒜洗净剁碎。
2. 锅中倒入高汤加热，油菜洗净，倒入高汤中烫熟后摆放入盘。
3. 往汤中倒入皮蛋、香菇、草菇、枸杞，煮熟后加盐和蒜调味，出锅倒在油菜中间。

灌汤娃娃菜

材料 娃娃菜300克，干香菇、三文治、火腿各50克

调料 盐3克，姜15克，红椒20克，大蒜10克

做法

1. 将娃娃菜整颗洗净；干香菇、火腿、姜、红椒均洗净，切丝；大蒜去皮，洗净，入油锅炸好；三文治切丝。
2. 锅中倒入适量清水，放入娃娃菜、香菇、三文治、火腿、大蒜、红椒，稍煮片刻。
3. 待熟透，调入盐，撒上姜丝即可。

锅仔什锦

材料 油菜150克，玉米笋100克，胡萝卜150克，草菇、干香菇、冬笋各100克

调料 盐5克

做法

1. 将油菜、玉米笋、草菇洗净；胡萝卜洗净，切片；干香菇洗净，浸泡至软，切块；冬笋洗净，切片。
2. 小锅中烧热水，下入所有原料。
3. 最后调入盐，煮熟即可。

专家点评 排毒瘦身

米汤青菜

材料 米汤300克，青菜50克，枸杞10克

调料 盐3克

做法

1. 青菜洗净切碎；枸杞洗净沥干。
2. 锅中下入米汤煮沸。
3. 再倒入青菜和枸杞煮熟，加盐调好味即可。

大厨献招 做这道菜的米汤不可太浓稠。

适合人群 一般人都可食用，尤其适合女性。

专家点评 降压降血糖

上汤黄瓜

材料 黄瓜300克，虾仁、青豆各100克，火腿50克

调料 盐3克，鸡精1克，高汤500克

做法

1. 黄瓜洗净，去皮切块；虾仁、青豆分别洗净；火腿切片。
2. 锅中倒入高汤煮沸，下入黄瓜和青豆煮熟，倒入虾仁和火腿再次煮沸。
3. 下盐和鸡精拌匀，即可出锅装盆。

专家点评 排毒瘦身

黄瓜竹荪汤

材料 黄瓜、竹荪各300克

调料 盐3克，鸡精2克，高汤适量

做法

1. 黄瓜洗净，切成长薄片；竹荪泡发洗净，切成段。
2. 锅倒入高汤煮沸，放入竹荪煮至熟后。
3. 加入盐、鸡精调味，起锅前放入黄瓜，烧开即可。

大厨献招 竹荪泡发后，要将尾端的黄色部分摘除。

专家点评 降压降血糖

浓汤竹笋

材料 竹笋300克，荷兰豆50克，红椒30克，肉松5克

调料 盐3克，鸡汤600克

做法

1. 竹笋去笋衣，洗净切片；荷兰豆择好洗净；红椒洗净切条。
2. 锅中倒入鸡汤烧热，下入竹笋煮熟，再加入荷兰豆和红椒一同煮熟。
3. 下盐调好味，出锅装碗，放上肉松即可。

专家点评 降压降血糖

家乡豆腐钵

材料 油豆腐350克，油菜200克，鲜虾200克

调料 高汤200克，盐3克，鸡精2克，香油5克

做法

1. 油豆腐洗净，切成条；油菜洗净，焯水；鲜虾去头、去肠线，洗净。
2. 锅加高汤烧开，倒入油豆腐、鲜虾煮至虾熟，再放入油菜。
3. 加入盐、鸡精煮至入味，起锅后淋上香油即可。

专家点评 增强免疫

蒜瓣豆腐汤

材料 豆腐150克，枸杞25克，蒜瓣40克

调料 盐3克，高汤适量

做法

1. 将豆腐洗净，切条；枸杞洗净；蒜瓣洗净，切碎。
2. 热锅烧油，下入蒜末炒香，再加高汤煮沸，加入豆腐、枸杞煮熟。
3. 最后调入盐，煮至入味即可。

大厨献招 蒜瓣尽量切碎点。

专家点评 降压降血糖

油菜豆腐汤

材料 油菜300克，豆腐350克

调料 高汤350克，盐3克，味精2克，香油5克

做法

1. 豆腐洗净，切成方块，入开水焯后捞出；油菜择洗干净，切成段。
2. 锅中倒油烧热，放入油菜、豆腐稍加翻炒，加入高汤，煮沸后转小火，煮至菜熟。
3. 放入盐、味精，装碗，淋上香油即成。

大厨献招 豆腐先要焯水，去除豆腥味。

上汤冻豆腐

材料 腊肉50克，鲜虾100克，冻豆腐300克，油菜100克

调料 盐3克，高汤600克

做法

1. 腊肉洗净切片；鲜虾治净；冻豆腐洗净切块；油菜择好洗净。
2. 锅中倒少许油烧热，下入虾炒至发红，倒入腊肉炒出油，倒入高汤煮沸。
3. 下入冻豆腐和油菜煮熟，下盐调好味即可。

专家点评 补脾健胃

酸辣豆腐汤

材料 豆腐350克，酸菜少许，剁椒10克

调料 葱15克，高汤350克，盐3克，味精2克，胡椒粉2克

做法

1. 豆腐切成长条状，焯水后漂洗净；酸菜、葱均洗净，切碎。
2. 锅中加油烧热，下入酸菜炒香，再倒入高汤烧开，放入豆腐条、剁椒煮至豆腐熟。
3. 加入盐、味精、胡椒粉调味，撒上葱花起锅即可。

专家点评 开胃消食

泡菜黄豆芽汤

材料 豆腐200克，黄豆芽200克，韩国泡菜100克

调料 盐适量

做法

1. 将豆腐洗净切成块；黄豆芽清洗干净；泡菜切片。
2. 锅中倒水加热，下入豆腐和黄豆芽煮至熟。
3. 再加入泡菜稍煮，下盐调好味即可。

大厨献招 泡菜本身已有咸味，因此盐要少放些。

专家点评 补脾健胃

酸菜粉丝汤

材料 酸菜300克，粉丝300克，鸡肉250克，枸杞少许

调料 盐3克、胡椒粉、鸡精、葱花、香油各适量

做法

1. 鸡肉洗净，切块，汆烫后捞出；粉丝泡软；枸杞洗净，备用。
2. 锅中倒油烧热，放入鸡肉翻炒熟，加入清水煮开后，撇去浮沫，再煮20分钟后，加入粉丝、酸菜、枸杞煮开。
3. 待熟后加入盐、胡椒粉、鸡精调味，起锅后撒上葱花，淋上香油即可。

白肉酸菜粉丝锅

材料 猪肉400克，酸菜300克，粉丝100克

调料 盐2克，高汤500克，葱末、胡椒粉少许

做法

1. 猪肉洗净，入沸水锅中稍烫后，捞出，切片；酸菜洗净切碎；粉丝泡发后洗净沥干。
2. 锅中倒入高汤烧开，加入猪肉、酸菜和粉丝煮沸，加盐拌匀。
3. 待锅中材料煮熟后，撒上葱末、胡椒粉即可。

专家点评 益气补虚

莴笋丸子汤

材料 猪肉500克，莴笋300克

调料 盐3克，淀粉10克，香油5克

做法

1. 猪肉洗净，剁成泥状；莴笋去皮，洗净切丝。
2. 猪肉加淀粉、盐搅匀，捏成肉丸子；锅中注水烧开，放入莴笋、肉丸子煮滚。
3. 调入盐，煮至肉丸浮起，淋上香油即可。

大厨献招 猪肉中可拌入鸡蛋清，再捏成丸子。

专家点评 养心润肺

豌豆尖汆丸子

材料 猪肉丸子500克，豌豆尖 500克，枸杞10克

调料 香油15克，盐3克，味精2克，高汤500克

做法

1. 豌豆尖洗净切段；枸杞洗净。
2. 锅加入高汤烧热，放入丸子、枸杞煮至肉变色。
3. 再下入豌豆尖煮熟后，调入盐、味精煮至入味盛起，淋上香油即可。

专家点评 养心润肺

红汤丸子

材料 猪肉500克，西红柿200克

调料 盐3克，鸡精2克，姜5克，淀粉6克，胡椒粉3克

做法

1. 猪肉洗净，剁成泥；西红柿洗净去皮，切成块；姜洗净切末。
2. 猪肉加姜末、淀粉、胡椒粉、盐、鸡精、水拌匀捏成丸子；锅加水烧开，倒入丸子煮熟，加入西红柿煮开。
3. 加入盐、鸡精调味即可。

专家点评 增强免疫

清汤狮子头

材料 猪肉250克，马蹄50克，鸡蛋50克，豌豆尖20克

调料 盐3克，酱油5克，白醋10克，香油5克

做法

1. 猪肉、马蹄洗净，剁碎；豌豆尖择洗干净。
2. 肉末装碗，打入鸡蛋液，加入马蹄碎、盐、酱油，搅拌至有黏性，用手捏成肉丸子。
3. 锅倒入水烧沸，倒入丸子煮至熟透后，加入豌豆尖略煮，调入盐、白醋煮至入味后起锅，淋上香油即可。

上汤美味绣球

材料 猪肉200克，胡萝卜、鸡蛋、香菇各50克，西兰花、豆腐各100克，皮蛋30克

调料 盐4克，高汤600克

做法

1. 猪肉洗净剁成肉末；胡萝卜洗净，去皮切丝；鸡蛋打散，煎成蛋皮后切丝；香菇、西兰花、豆腐分别洗净切块；皮蛋去壳切块。
2. 猪肉分团揉成肉丸，裹上胡萝卜丝和蛋皮丝；锅中倒高汤烧沸，下入肉丸和除了皮蛋之外的其余原料煮熟。
3. 加入盐调味，倒入皮蛋，即可出锅。

清汤手扒肉

材料 带骨羊肉适量

调料 香菜末20克，葱花10克，姜片10克，酱油5克，醋5克，鸡精1克，胡椒粉、盐、芝麻油、牛奶各适量

做法

1. 带骨羊肉浸泡后洗净，剁块。
2. 将葱、姜、酱油、醋、鸡精、胡椒粉、盐、芝麻油、水调成汁备用。
3. 锅加入清水，放入羊肉烧开后，撇去浮沫，放入牛奶煮至肉烂。
4. 加入盐、鸡精，撒上香菜出锅，食用时蘸汁即可。

酥肉营养汤

材料 猪肉350克，西葫芦、冬瓜各100克，黑木耳200克，鸡蛋清20克

调料 盐3克，淀粉10克，味精2克，高汤300克

做法

1. 猪肉洗净，切片；加入盐、鸡蛋清、淀粉拌匀；西葫芦、冬瓜去皮洗净，切成片；黑木耳泡发洗净，撕成小片。
2. 起油锅烧至七成热，下入肉片炸至金黄色时捞出。
3. 将西葫芦、冬瓜入锅炒软后，加入高汤、酥肉、木耳煮熟，加盐、味精调味即可。

肉丸粉皮汤

材料 肉丸200克，粉皮200克，牛肉100克，水发木耳50克

调料 盐3克，酱油2克，红油10克，香菜8克

做法

1. 粉皮泡软，洗净沥干备用；牛肉洗净切片；水发木耳洗净，撕成小块；香菜洗净切碎。
2. 锅中倒油烧热，下入肉丸炸至金黄色捞出；净锅倒入适量水，加入肉丸、粉皮、牛肉、木耳煮熟。
3. 倒入所有调味料，煮至入味即可。

咸肉冬瓜汤

材料 咸肉200克，冬瓜350克

调料 葱15克，盐3克，鸡精2克，香油5克

做法

1. 冬瓜去皮，洗净，切成片；咸肉切成长薄片；葱洗净，切碎。
2. 锅加入清水、咸肉煮开后，撇去浮沫。
3. 放入冬瓜片，煮至冬瓜软熟，加入盐、鸡精调味，撒上葱花，淋上香油起锅即可。

大厨献招 煮咸肉时锅里有浮沫，要把浮沫撇干净。

酥肉汤

材料 猪肉300克，油麦菜100克

调料 盐3克，淀粉20克，香油适量

做法

1 猪肉洗净，切成片，粘裹上淀粉，下入油锅中炸至酥脆后，捞出。

2 油麦菜洗净，切成长段备用。

3 锅中加水烧开，下入酥肉煮开后，再下入油麦菜煮至熟，加盐调味，淋上香油即可。

大厨献招 猪肉炸至表皮鼓起、呈金黄色即可。

专家点评 增强免疫

锅仔猪肚蹄花

材料 猪肚200克，猪蹄250克，枸杞30克

调料 盐3克，料酒适量

做法

1 将猪肚洗净，切条；猪蹄洗净，切小块；枸杞洗净。

2 锅中烧热水，放入猪蹄、猪肚氽烫片刻，捞起。

3 另起锅，烧热适量清水，放入猪蹄、猪肚、枸杞，调入适量料酒，待熟后，下入盐即可。

专家点评 益气补虚

砂锅海带炖棒骨

材料 海带200克，大棒骨400克，枸杞3克，红枣5克

调料 盐4克，鸡精1克，葱3克

做法

1 海带洗净切段；大棒骨洗净剁成块，氽水后捞出沥干；葱洗净切段；枸杞、红枣分别洗净备用。

2 砂锅中倒适量水，下入棒骨大火烧开，加入海带、枸杞、红枣炖煮约1个小时。

3 下盐和鸡精调好味，撒入葱段即可。

土豆排骨汤

材料 土豆200克，胡萝卜100克，排骨400克

调料 香葱5克，盐4克

做法

1. 排骨洗净剁块，汆水后备用；胡萝卜、土豆分别洗净，去皮切片；葱洗净切段。
2. 锅中倒水烧开，下入排骨、土豆、胡萝卜一起开大火煮开，再转小火煮至熟烂。
3. 最后下盐和葱，调好味后即可出锅。

大厨献招 土豆久煮易烂，因此煮熟即可离火。

专家点评 补脾健胃

大头菜排骨汤

材料 大头菜1个，排骨450克

调料 葱段5克，盐、味精各2克

做法

1. 大头菜洗净，去皮，切块。
2. 排骨洗净，入锅用水煮沸，再加入大头菜。
3. 待再沸后，焖煮4～5分钟，加盐、味精，撒入少量葱段即可。

大厨献招 大头菜不要烧得过烂，否则会失去鲜味。

专家点评 清热解毒

芋头排骨汤

材料 猪排骨350克，芋头300克，白菜100克，枸杞30克

调料 葱花20克，料酒、老抽各5克，盐3克，味精1克

做法

1. 猪排骨洗净，剁成块，汆烫后捞出；芋头去皮，洗净；白菜洗净，切碎，枸杞洗净。
2. 锅中倒油烧热，放入排骨煎炒至黄色，加入料酒、老抽炒匀后，加入沸水，撒入枸杞，炖1小时，加入芋头、白菜煮熟。
3. 加入盐、味精调味，撒上葱花起锅即可。

珍菌芋头排骨锅

材料 滑子菇、芋头各200克，猪排骨300克，枸杞10克

调料 葱花15克，料酒5克，盐3克，白胡椒粉2克，香油5克

做法

1. 猪排骨洗净，剁成段，汆烫后捞出；芋头去皮，洗净，切块；滑子菇、枸杞洗净。
2. 锅中倒入水、排骨、枸杞，加入料酒烧沸，炖至变色后，然后加入滑子菇、芋头煮至软。
3. 待熟后，加入盐、白胡椒粉调味，撒上葱花，淋上香油即可。

白果小排汤

材料 小排骨500克，白果30克

调料 黄酒100克，葱、姜各5克，盐、味精各适量

做法

1. 小排骨洗净斩段，姜洗净切片，葱洗净切花。
2. 白果剥去壳，脱去红衣后加水煮15分钟。
3. 排骨加黄酒、姜片和适量水，用文火焖煮1小时后，再加入白果，煮熟，调入盐、味精撒上葱花即可。

大厨献招 此汤要用文火慢煲。

专家点评 养心润肺

干白菜脊骨汤

材料 猪脊骨、干白菜各350克，青椒、红椒各30克

调料 大葱20克，盐3克，胡椒粉3克，味精2克

做法

1. 猪脊骨剁块，汆水后捞出；干白菜泡发，洗净切段；青椒、红椒洗净切块；葱洗净切段。
2. 锅加水烧热，放入葱段、猪脊骨块烧开，用小火煲30分钟，改中火烧至猪脊骨块酥烂，再放入白菜段、青椒、红椒。
3. 小火焖20分钟，加入胡椒粉、盐、味精调味即可。

百合龙骨煲冬瓜

材料 百合100克，龙骨300克，冬瓜300克，枸杞10克

调料 香葱2克，盐3克

做法

1. 百合、枸杞分别洗净；冬瓜去皮洗净，切块备用；龙骨洗净，剁成块；葱洗净切碎。
2. 锅中注水，下入龙骨，加盐，大火煮开。
3. 再倒入百合、冬瓜、葱末和枸杞，转小火熬煮约2小时，至汤色变白即可。

专家点评 排毒瘦身

米肠汤

材料 猪大肠100克，糯米400克，猪血300克，猪肝适量，红枣5克

调料 盐4克，鸡精1克，葱花、蒜末各3克

做法

1. 猪大肠洗干净；糯米洗净浸泡沥干；红枣洗净；猪肝洗净，切片；猪血洗净切碎。
2. 将猪大肠一头绑住，糯米、碎猪血、蒜末加盐拌匀后灌入肠中，扎好煮熟，捞出切段。
3. 锅中倒水加热，下入米肠、猪肝和红枣煮熟，加入盐、鸡精和葱花再次煮沸即可出锅。

健胃肚条煲

材料 猪肚500克，薏米300克，枸杞20克

调料 姜5克，蒜5克，高汤200克，盐3克，鸡精1克

做法

1. 猪肚洗净切条，汆水沥干；薏米、枸杞洗净；姜、蒜洗净切碎。
2. 锅中倒油烧热，加入姜、蒜爆香，倒入高汤、猪肚、薏米、枸杞大火烧开。
3. 加入盐、鸡精炖至入味即可。

适合人群 尤其适合老年人。

专家点评 补脾健胃

幸福圆满一品锅

材料 腊肉300克，西兰花、油菜、鱼丸各200克，香菇100克

调料 葱花15克，料酒5克，高汤200克，白胡椒粉3克

做法

1. 腊肉洗净，煮10分钟后，捞出切薄片；西兰花洗净，掰成小朵；油菜洗净；香菇洗净切片。
2. 锅中倒油烧热，放入腊肉片煸炒出香味，加入香菇片，倒入料酒、高汤、鱼丸，煮滚后，加入西兰花、油菜略煮。
3. 待熟后，加入白胡椒粉调味，撒上葱花即可。

锅仔西红柿牛肉

材料 牛肉300克，水发木耳50克，西红柿150克

调料 盐5克，葱花15克，姜片20克，料酒适量

做法

1. 将牛肉洗净切块；水发木耳洗净，撕小朵；西红柿洗净，切块。
2. 锅中烧热水，放入牛肉氽烫片刻，捞起；锅中放入水，下入牛肉、料酒，炖20分钟捞起。
3. 将西红柿放入锅中稍炒片刻盛出；锅中烧热水，放入牛肉、西红柿、木耳、姜片，调入盐，煮熟，撒上葱花即可。

白萝卜炖牛肉

材料 白萝卜200克，牛肉300克

调料 盐4克，香菜段3克

做法

1. 白萝卜洗净去皮，切块；牛肉洗净切块，氽水后沥干。
2. 锅中倒水，下入牛肉和白萝卜煮开，转小火熬约35分钟。
3. 加盐调好味，撒上香菜即可。

大厨献招 炖煮时间不要过长，以免牛肉失去韧劲。

专家点评 益气补虚

白萝卜牛肉汤

材料 白萝卜300克，牛肉200克

调料 葱丝3克，红椒丝1克，盐3克，鸡精1克

做法

1. 白萝卜洗净，去皮切丝；牛肉洗净切丝。
2. 锅中倒水烧热，下入白萝卜烫熟，加入牛肉煮熟。
3. 加入调味料调好味即可。

大厨献招 盐一定要后放，否则牛肉易老。

适合人群 一般人都可食用，尤其适合女性。

专家点评 保肝护肾

西湖牛肉羹

材料 瘦牛肉100克，香菜20克，蛋清30克，豆腐50克

调料 盐3克，鸡精1克，胡椒粉3克，淀粉适量，醋5克

做法

1. 把瘦牛肉洗净剁成蓉，放入沸水中氽熟，捞出；豆腐洗净切成丁，香菜洗净切末。
2. 往锅中倒清水，放入牛肉蓉、豆腐丁烧开，调入盐、鸡精、醋。
3. 倒入鸡蛋清、香菜末、胡椒粉，搅匀，再以淀粉勾芡即可。

当归牛尾虫草汤

材料 牛尾1条，当归30克，瘦肉100克，虫草3克

调料 盐适量

做法

1. 瘦肉洗净，切大块；当归用水略冲；虫草洗净。
2. 牛尾去毛，洗净，切成段。
3. 将以上所有材料一起放入砂锅内，加适量清水，待瘦肉煮熟，调入盐即可。

大厨献招 当归不要放得太多，以免味道太浓。

专家点评 滋阴补阳

牛尾汤

材料 牛尾450克，红枣50克

调料 葱15克，料酒3克，盐3克，味精2克

做法

1. 牛尾去毛，泡软洗净，砍成段，入开水汆烫捞出；葱洗净，切段；红枣洗净。
2. 锅倒入清水烧开，放入牛尾、红枣煮4小时后，加入料酒、盐煮至熟烂。
3. 然后加入味精，煮到入味，撒上葱段，出锅即可。

专家点评 益气补虚

海鲜三味汤

材料 冬笋100克，青菜100克，牛肚150克，鲜鱿鱼150克，火腿100克

调料 盐3克，香油5克

做法

1. 将冬笋洗净，切片；青菜洗净；牛肚洗净，切块；鲜鱿鱼洗净，打上花刀，再切块；火腿切片。
2. 锅中倒入适量水烧开，放入所有原料，煮熟。
3. 最后调入盐、香油即可。

冬瓜汆羊肉丸子

材料 冬瓜300克，羊肉400克

调料 盐3克，鸡精1克，香油5克，葱4克，姜5克，料酒6克

做法

1. 羊肉洗净剁成泥；冬瓜去皮，洗净切成片；葱、姜洗净切成末。
2. 肉泥加入葱末、姜末、料酒、盐、鸡精、香油搅拌均匀，挤成肉丸子。
3. 锅加水烧热，倒入肉丸烧滚，放入冬瓜片。
4. 放入盐、鸡精调味，滴入香油，再撒上葱花即可。

锅仔金针菇羊肉

材料 羊肉300克，金针菇100克，白萝卜50克

调料 盐4克，香菜20克，姜20克，料酒适量

做法

1. 将羊肉洗净，切成薄片；金针菇洗净；白萝卜洗净，切块；香菜洗净，切段；姜洗净，切片。
2. 锅中烧热水，放入羊肉汆烫片刻，捞起。
3. 另起锅，烧沸水，放入羊肉、金针菇、白萝卜、姜片、香菜，倒入料酒，煮熟；最后撇净浮沫，调入盐即可。

白萝卜丝汆肥羊

材料 白萝卜100克，肥羊肉片400克

调料 葱10克，盐3克，鸡精1克

做法

1. 白萝卜洗净，去皮切丝；肥羊肉片洗净备用；葱洗净切碎。
2. 锅中倒入适量水烧热，下入萝卜丝煮熟，再下入肥羊片汆至熟透。
3. 加入盐和鸡精调味，出锅撒上葱末即可。

大厨献招 如果想去羊肉的腥，可以放少量的橘子皮。

锅仔带皮羊排

材料 带皮羊排400克，白萝卜150克

调料 盐5克，香菜20克，葱25克，姜20克

做法

1. 将羊排洗净，剁成小块；白萝卜去皮，洗净，切成条；香菜、葱洗净，切成段；姜洗净，切片。
2. 锅中烧热水，放入羊排汆烫片刻，捞起，再放入油锅中稍炒片刻。
3. 另起锅，放入适量清水，煮沸，下入羊排、白萝卜煮熟；撒上香菜、葱、姜，调入盐，煮熟即可。

豆花老鸡汤

材料 净鸡500克，豆花300克

调料 盐3克，味精1克，胡椒粉1克，香油5克，清汤500克，葱5克

做法

1. 净鸡洗净切块；葱洗净切碎。
2. 锅内倒入清汤，放入鸡块烧至熟透。
3. 再舀入豆花用小火稍煮，调入盐、味精、胡椒粉入味，撒上葱花盛盘，淋上香油即可。

专家点评 补血养颜

客家炖鸡

材料 鸡500克，党参5克

调料 盐4克，姜3克

做法

1. 鸡宰杀治净，下入沸水中汆烫后捞出沥干；党参洗净沥干；姜洗净拍破。
2. 锅中倒水烧开，下入鸡和党参、姜炖煮约2小时。
3. 出锅，加盐调好味即可。

大厨献招 炖鸡应先用大火烧开约10分钟再转文火慢炖。

白果炖乌鸡

材料 乌鸡肉300克，白果10克，枸杞5克

调料 盐3克，姜2克

做法

1. 乌鸡肉洗净切块；白果和枸杞分别洗净沥干；姜洗净，去皮切片。
2. 乌鸡块、白果、枸杞和姜片放入锅中，倒入适量水，加盐拌匀。
3. 用大火煮开，转小火炖约30分钟即可。

大厨献招 炖至汤汁浓稠，即可熄火。

专家点评 补血养颜

冬瓜山药炖鸭

材料 净鸭500克，山药100克，枸杞25克，冬瓜10克

调料 葱5克，姜2克，料酒15克，盐3克，味精2克

做法

1. 净鸭洗净剁成块，汆入后沥干；山药、冬瓜均去皮洗净，切成块；葱洗净切碎；枸杞洗净；姜洗净切片。
2. 锅加水烧热，倒入鸭块、山药、枸杞、冬瓜、姜、料酒煮至鸭肉熟。
3. 调入盐、味精入味，盛盘撒上葱花即可。

杭帮老鸭煲

材料 老鸭200克，油菜100克，竹笋150克，金华火腿片100克

调料 盐4克

做法

1. 将老鸭洗净，斩成块；竹笋洗净，切片；金华火腿洗净切片；油菜洗净。
2. 砂锅加水烧开，下入鸭肉、火腿煮开，再放入笋片。
3. 煮至快熟时，下入油菜，待各种材料熟透，调入盐即可。

老鸭汤

材料 净鸭500克，竹笋100克，党参100克，枸杞20克

调料 香油5克，味精2克，盐3克

做法

1. 净鸭洗净，汆水后捞出；竹笋洗净，切成片；党参、枸杞泡水，洗净。
2. 砂锅倒入开水烧热，下入鸭子、竹笋、党参大火炖开后，改小火炖2小时至肉熟。
3. 撒入枸杞，用旺火煮开，放入盐、味精调味起锅，淋上香油即可。

专家点评 益气补虚

谭府老鸭煲

材料 鸭肉400克，腊肉100克，油菜200克，枸杞10克

调料 盐3克，高汤800克

做法

1. 鸭肉治净，剁成大块；腊肉洗净切片；油菜洗净；枸杞洗净。
2. 锅中倒入高汤烧开，下入鸭肉、腊肉、油菜和枸杞煮熟。
3. 加盐调味，再次煮沸即可。

专家点评 益气补虚

鸭架豆腐汤

材料 烤鸭架300克，豆腐200克，白菜200克

调料 葱段20克，清汤200克，盐3克，味精2克，胡椒粉2克，鸭油3克

做法

1. 烤鸭架砍成块；白菜择洗净切段；豆腐洗净切片。
2. 炒锅倒油烧至七成热，下入鸭架煸炒片刻，倒入清汤烧开，移入瓦煲内，炖煮10 分钟，下入豆腐片、白菜煮开。
3. 熟后加入盐、味精调味，出锅，撒上葱段、胡椒粉，淋入鸭油即可。

天麻炖乳鸽

材料 乳鸽300克，天麻20克，枸杞3克，党参10克

调料 盐3克

做法

1. 乳鸽治净；天麻洗净切片；党参、枸杞分别洗净。
2. 锅中倒水加热，下入乳鸽、天麻、党参和枸杞一起大火煮开。
3. 转小火炖煮约半小时，待熟后加盐调味即可出锅。

专家点评 提神健脑

菠萝煲乳鸽

材料 乳鸽350克，菠萝150克，火腿60克，芡实50克

调料 精盐少许，味精3克，高汤适量

做法

1. 将乳鸽洗净斩块，菠萝洗净改小块，火腿切片，芡实洗净备用。
2. 净锅上火倒入高汤，调入精盐、味精，加入乳鸽、芡实、菠萝煲至熟，撒入火腿即可。

大厨献招 鸽子汤的味道非常鲜美，饮时不必放很多调料。

专家点评 清热解毒

丝瓜煮蛋饺

材料 小蘑菇60克，西兰花200克，蛋饺350克，丝瓜300克

调料 高汤200克，盐3克，胡椒粉3克，香油5克

做法

1. 丝瓜去皮，洗净，切成段；西兰花洗净，焯水后掰成小朵；小蘑菇洗净。
2. 锅中倒入高汤、盐，加入丝瓜滚煮后，放入蛋饺煮熟，再加入小蘑菇、西兰花煮3分钟。
3. 加入胡椒粉调味，起锅后淋上香油即可。

鸡蛋辣椒汤

材料 鸡蛋200克，西红柿250克，黑木耳、辣椒各100克

调料 盐3克，醋10克

做法

1. 鸡蛋打散，加盐搅打均匀；西红柿洗净，切成块；黑木耳泡发洗净，撕成小片；辣椒洗净，切斜段。
2. 锅中加油烧热，下入辣椒炒香，再加水烧沸，下入西红柿、黑木耳煮开。
3. 再淋入鸡蛋液，待熟后，加入盐、醋调味，起锅即可。

丝瓜木耳汤

材料 丝瓜300克，水发木耳50克

调料 盐3克，味精1克，胡椒粉1克

做法

1. 丝瓜刮洗干净，对剖两半切片；木耳去蒂，淘洗干净，撕成片状。
2. 锅中加入清水1000克，烧开后，放入丝瓜、盐、胡椒粉，煮至丝瓜断生。
3. 最后下入木耳略煮片刻，放味精搅匀，盛入汤碗中即可。

专家点评 增强免疫

豆花鱼

材料 草鱼500克，豆花300克，酥黄豆5克

调料 蒜8克，姜4克，醋10克，料酒、糖、胡椒粉、红椒、葱、青椒、泡椒、熟白芝麻各5克

做法

1. 草鱼治净，切成厚片；葱、姜、蒜洗净切末；青椒、红椒洗净切丝；泡椒洗净切碎。
2. 锅中倒油烧热，下葱、姜、蒜爆香，烹入料酒，加水煮成汤。
3. 再下入鱼片，待鱼片熟后，舀入豆花，稍煮，加入剩余调料，出锅时撒上酥黄豆、熟白芝麻及青椒丝、红椒丝即可。

花生拌鱼片

材料 草鱼1条，花生米50克

调料 料酒20克，盐、白酱油、白糖、味精、香油各适量，葱段10克，姜米5克

做法

1. 鱼刮去鳞洗净，剔下两旁鱼肉切薄片，用盐、料酒、葱、姜腌约15分钟，入油锅滑开。
2. 花生米用盐水浸泡，入油锅中炸香，捞出。
3. 将炸好的花生米摆入盘中，加入鱼片和剩余的调料拌匀即可。

专家点评 补血养颜

鱼吃芽

材料 鱼350克，黄豆芽、肥羊片各适量、香菜末60克

调料 葱花20克，红椒粒15克，盐3克，猪油5克，味精3克，白胡椒粉3克

做法

1. 鱼治净，鱼肉切片，用盐腌渍半小时；肥羊片洗净；黄豆芽去尾部，洗净。
2. 锅中放入清水烧开，放入鱼煮3分钟，再加入猪油烧开，下入豆芽煮熟。
3. 加入肥羊片烫熟，加入盐、味精、白胡椒粉调味，撒上香菜、葱花、红椒粒，出锅即可。

灌汤鱼片

材料 鱼肉300克，酸菜50克

调料 盐3克，泡椒20克，红椒20克，葱15克，姜20克

做法

1. 将鱼肉洗净，切成片；酸菜、葱洗净，切成段；泡椒洗净；红椒洗净切成块；姜洗净，切成片。
2. 锅中加油烧热，下入酸菜、泡椒、红椒、姜片炒香，再掺适量水煮开。
3. 下入鱼片，煮至熟，再调入盐、葱段即可。

宋嫂鱼羹

材料 鲈鱼600克，熟竹笋、水发香菇、蛋黄液各适量

调料 葱15克，料酒10克，酱油15克，醋15克，盐3克，味精2克，鸡汤250克，淀粉30克

做法

1. 鲈鱼治净，沿脊背剖开。
2. 鲈鱼装盘，加入料酒、盐，蒸熟后取出，拨碎鱼肉，除去皮骨，将蒸汁倒回鱼肉中。
3. 锅中油烧热，加入鸡汤煮沸，调入料酒，放入竹笋、香菇，鱼肉连同原汁入锅。
4. 加入蛋黄液、其余调味料，煮熟起锅即可。

香菜鱼片汤

材料 鱼肉300克，香菜50克，蘑菇200克

调料 盐3克，胡椒粉3克，料酒5克，淀粉6克，香油少许

做法

1. 鱼肉洗净，切成片，用料酒、盐、淀粉抓匀，腌渍10分钟；香菜洗净；蘑菇洗净，撕成片。
2. 锅中倒入清水煮开后，倒入蘑菇，用大火煮开后，倒入鱼片，用勺摊匀，放入香菜，再次煮开。
3. 加入盐、胡椒粉调味，淋上香油出锅即可。

锅仔白萝卜鲫鱼

材料 鲫鱼350克，白萝卜100克

调料 盐4克，红椒20克，香菜20克

做法

1. 将鱼宰杀，去鳞、内脏，洗净；白萝卜洗净，切丝；红椒洗净，去籽切丝；香菜洗净，切段。
2. 锅中倒油烧热，放入鲫鱼煎至两面金黄色。
3. 锅中加入适量清水煮沸，放入鲫鱼、白萝卜、红椒煮熟，调入盐，撒上香菜即可。

白萝卜丝煮鲫鱼

材料 鲫鱼400克，白萝卜100克

调料 盐4克，鸡精1克，葱5克，红椒2克

做法

1. 白萝卜洗净，去皮切丝；葱、红椒分别洗净切丝。
2. 鲫鱼宰杀治净，下热油锅略煎，再加适量水煮开。
3. 最后下萝卜丝煮熟，加盐和鸡精调味，撒上葱丝和红椒丝即可出锅。

适合人群 一般人都可食用，尤其适合女性。

专家点评 益气补虚

蘑菇鲈鱼

材料 鲈鱼500克，蘑菇200克，油菜100克，西红柿200克

调料 高汤250克，料酒、盐、味精各适量，胡椒粉2克

做法

1. 鲈鱼剖肚去内脏，洗净，两面划刀；蘑菇、油菜洗净；西红柿洗净，切片。
2. 锅中倒油烧热，放入鲈鱼煎至金黄色，倒入高汤，加入料酒烧沸，再加入蘑菇、油菜、西红柿煮至熟。
3. 最后加入盐、味精、胡椒粉调味即成。

美容西红柿鲈鱼

材料 鲈鱼400克，西红柿50克，金针菇100克

调料 盐3克，糖2克，葱少许

做法

1. 鲈鱼洗净切片；西红柿洗净切块；金针菇洗净；葱洗净切碎。
2. 锅中加油烧热，下入西红柿炒至成沙状，再加适量水烧开，然后下放鱼片和金针菇。
3. 煮熟后，下盐、糖调好味，撒上葱花即可出锅。

专家点评 补血养颜

东海银鱼羹

材料 银鱼300克，芹菜30克，香菇50克，鸡蛋50克

调料 盐4克，料酒15克，味精2克，胡椒粉5克，淀粉10克，红椒15克

做法

1. 银鱼洗净沥干；芹菜、香菇、红椒洗净剁碎；鸡蛋取蛋清备用。
2. 锅加水烧热到沸腾，倒入银鱼、芹菜、香菇、红椒。
3. 调入盐、味精、料酒、胡椒粉入味，用淀粉勾芡成羹状，把鸡蛋清打散倒入搅成花状即可。

雪里蕻炖带鱼

材料 雪里蕻200克，带鱼350克

调料 盐3克，味精2克，胡椒粉3克，香油5克

做法

1. 雪里蕻择洗干净，切小段；带鱼治净，切成块。
2. 锅中倒油烧热，下入带鱼块，煎至两面微黄捞出控油；锅留油烧热，加入雪里蕻、带鱼、清水烧开。
3. 加盐、味精、胡椒粉调味，炖至软烂，淋上香油出锅即可。

榨菜豆腐鱼尾汤

材料 草鱼尾300克，榨菜50克，板豆腐2块

调料 熟花生油适量，盐、香油各5克

做法

1. 榨菜洗净切薄片；豆腐用清水泡过倒掉水分，撒下少许盐稍腌后，每块分别切成四方块备用。
2. 草鱼尾去鳞洗净，用炒锅烧热花生油，下鱼尾煎至两面微黄。
3. 锅中注入水煮滚，放入鱼尾、豆腐、榨菜，再煮沸约10分钟，以盐、香油调味即可。

海鲜酸辣汤

材料 豆腐100克，鸡蛋2个，虾仁100克，鲜鱿鱼100克

调料 盐4克，醋适量，糖3克，胡椒粉3克，味精1克，水淀粉、香油各适量，香菜15克

做法

1. 豆腐洗净，切块；鸡蛋打成蛋液；虾仁洗净；鲜鱿鱼洗净，切丁；香菜洗净，切段。
2. 锅中烧热水，放入虾仁、鱿鱼汆烫片刻，捞起；另起锅，烧热水，放入蛋液以外所有原料。
3. 接着倒入水淀粉，待汤变稠后，倒入蛋液，再下入调味料，最后撒上香菜即可。

锅仔煮鱼杂

材料 鱼子100克，鱼鳔100克，鱼肠80克，水发木耳50克，胡萝卜100克，草菇100克

调料 盐3克，葱25克

做法

1. 将鱼子、鱼鳔、鱼肠洗净；水发木耳洗净，撕小朵；胡萝卜洗净，切片；葱洗净，切段；草菇洗净，切块。
2. 锅中烧热油，放入鱼子、鱼鳔、鱼肠稍煎片刻；另起小锅中烧沸适量清水。
3. 小锅中放入所有原料煮熟，调入盐，最后放入葱即可。

羊肉丸海鲜粉丝汤

材料 羊肉丸150克，粉丝200克，虾仁、蟹肉棒、平菇各50克，油豆腐10克

调料 盐3克，鸡精1克，香菜末5克

做法

1. 羊肉丸、虾仁分别洗净；粉丝泡软后沥干；蟹肉棒去包装后切块；平菇洗净切片。
2. 锅中倒入适量水烧开，下入羊肉丸和粉丝煮熟，继续倒入虾仁、蟹肉棒、平菇、油豆腐全部煮熟。
3. 下入盐和鸡精调味，出锅撒上香菜即可。

龙皇太子羹

材料 蟹肉棒200克，鸡蛋清300克

调料 葱20克，红椒20克，盐3克，鸡精2克，淀粉6克，高汤适量

做法

1. 蟹肉棒洗净，剁碎；葱洗净，切碎；红椒去蒂、去籽，洗净，切小块。
2. 锅倒入高汤烧沸，倒入蟹肉丁煮至熟，加入盐、鸡精调味后，倒入红椒继续煮至断生。
3. 用淀粉勾芡成羹状，再把鸡蛋清打散倒入搅成花状，撒上葱花搅匀即可。

扇贝芥菜汤

材料 芥菜300克，扇贝200克

调料 盐3克，鸡精1克

做法

1. 芥菜洗净，切成段；让扇贝吐沙后清洗干净。
2. 锅中倒水加热，下入芥菜和扇贝煮熟。
3. 下入盐和鸡精调好味即可出锅。

大厨献招 活扇贝放入淡盐水中浸泡约2小时，让其自然吐沙即可。

专家点评 养心润肺

海皇干贝羹

材料 干香菇50克，干贝50克，鸡蛋3个，菜心梗50克

调料 盐3克，淀粉20克，醋适量

做法

1. 将干香菇洗净，泡发，切丁；干贝泡发，洗净，撕成丝；鸡蛋取蛋清，打匀；菜心梗洗净，切丁。
2. 锅置火上，倒入适量清水煮沸，放入蛋清以外所有原料，用淀粉勾芡成羹状，再加入蛋清拌匀。
3. 最后下入盐、醋调味，即可。

蛤蜊汆水蛋

材料 蛤蜊350克，鸡蛋200克

调料 葱20克，姜10克，盐3克

做法

1. 蛤蜊洗净；鸡蛋打散搅匀；姜洗净切片；葱洗净切花。
2. 锅中加油烧热，下入姜片爆香，再下入蛤蜊炒至开口，加入适量水煮开。
3. 淋入鸡蛋液，煮至蛋液凝固，加盐调味，撒上葱花即可。

适合人群 一般人都可食用，尤其适合女性。

专家点评 养心润肺

火锅
——百锅千味又实惠

香辣开胃火锅

【涮菜顺序】

1.排骨250克、2.腊肉250克、3.猪肠200克、4.莴笋150克、5.豆芽150克、6.大白菜100克、7.生菜100克、8.菠菜80克、9.粉丝150克

【基础锅底】红汤锅底

【特点】麻辣醇厚，香辣开胃，豆芽爽脆，风味独特。

【增鲜调味料】大蒜、沙姜、大葱、香菜

【主料】排骨

【菜品加工】

1. 排骨洗净，切块，汆水备用。
2. 腊肉洗净，切片。
3. 猪肠清洗干净，切段。
4. 莴笋去皮，洗净，切片。
5. 豆芽、大白菜、菠菜、生菜分别洗净备用。
6. 粉丝用清水泡发备用。

【火锅蘸料】

◎椒香味碟　◎陈醋　◎豆瓣酱　◎番茄酱　◎泡椒　◎生抽

注意事项

1. 腊肉不宜长时间保存，否则会寄生一种肉毒杆菌，这种病菌的芽苞对高温高压和强酸的耐力很强，极易通过胃肠黏膜进入人体，仅数小时或一两天就会引起中毒。
2. 黄豆芽与绿豆芽均性寒，冬季烹调时最好放点生姜丝，以中和其寒性；慢性胃炎、慢性肠炎及脾胃虚寒者不宜多食。
3. 猪肠不宜与甘草同食。

土鸡火锅

【涮菜顺序】

1.鸡肉350克、2.莲藕200克、3.马铃薯250克、4.苦菊100克、5.豌豆苗150克、6.大白菜100克、7.小白菜80克、8.油麦菜80克

【基础锅底】红汤锅底

【特点】色红油亮，鸡肉细嫩，莲藕爽口，鲜香诱人。

【增鲜调味料】鸡精、大蒜、沙姜、大葱

【主料】鸡肉

【菜品加工】

1. 鸡肉洗净，切块
2. 莲藕去皮，洗净，切厚片。
3. 马铃薯去皮，洗净，切片。
4. 苦菊洗净备用。
5. 大白菜洗净，切大片。
6. 小白菜、油麦菜、豌豆苗择洗干净备用。

【火锅蘸料】

◎椒香味碟 ◎干辣椒末 ◎辣椒油 ◎花椒油 ◎海鲜酱 ◎泡椒

注意事项

1. 在鸡皮和鸡肉之间有一层薄膜，它在保持肉质水分的同时也防止了脂肪的外溢。因此，如有必要，应该在烹饪后才将鸡肉去皮，这样不仅可减少脂肪摄入，还能保证鸡肉味道鲜美。
2. 油麦菜涮的时间不能过长，断生即可，否则会影响脆嫩的口感和鲜艳的色泽。
3. 为防止莲藕变成褐色，可把去皮后的莲藕放在加入适量醋的清水中浸泡。

魔芋鸭块火锅

【涮菜顺序】

1.魔芋250克、2.鸭肉300克、3.鸭掌250克、4.毛肚200克、5.鹌鹑蛋150克、6.黄豆芽150克、7.马铃薯100克、8.生菜80克、9.油麦菜80克、10.小白菜80克

【基础锅底】红汤锅底

【特点】咸鲜麻辣，汤香肉鲜，汁醇味厚，风味别致。

【增鲜调味料】大蒜、沙姜、大葱、香菜

【主料】魔芋、鸭肉

【菜品加工】

1 魔芋洗净，切块。
2 鸭肉洗净，切大块。
3 鸭掌洗净备用。
4 毛肚用盐水反复清洗干净，切片。
5 鹌鹑蛋煮熟，剥壳。
6 黄豆芽洗净备用。
7 马铃薯洗净，去皮，切厚片。
8 生菜、油麦菜、小白菜洗净备用。

【火锅蘸料】

◎青椒味碟 ◎花生酱 ◎生姜末 ◎陈醋 ◎海鲜酱 ◎泡椒

注意事项

1. 优质的鹌鹑蛋色泽鲜艳、壳硬，蛋黄呈深黄色，蛋白黏稠。
2. 马铃薯含有一些有毒的生物碱，一定要通过高温烹调，才能分解有毒物质。
3. 发芽马铃薯的芽眼部分变紫也会使有毒物质积累，容易发生中毒事件，要避免食用。

鳝鱼火锅

【涮菜顺序】

1.鳝鱼350克、2.猪肝250克、3.大白菜150克、4.豌豆苗100克、5.芥蓝100克

【基础锅底】红汤锅底

【特点】麻辣味厚，鲜香味美，鳝段细嫩，风味独特。

【增鲜调味料】大葱、香菜、米酒、泡仔生姜

【主料】鳝鱼

【菜品加工】

1. 鳝鱼宰杀，去内脏，洗净，切段。
2. 猪肝洗净，斜切片。
3. 大白菜洗净，切大片。
4. 豌豆苗、芥蓝分别洗净备用。

【火锅蘸料】

◎椒香味碟 ◎干辣椒末 ◎辣椒油 ◎花椒油 ◎海鲜酱 ◎泡椒

注意事项

1. 猪肝常有一种特殊的异味，烹制前，首先要用水将肝血洗净，然后剥去薄皮，放入盘中，加入适量牛乳浸泡几分钟，猪肝异味即可清除。
2. 鳝鱼不宜与狗肉、狗血、南瓜、菠菜、红枣同食。
3. 鳝鱼最好是在宰后即刻烹煮食用，因为鳝鱼死后容易产生组胺，易引发中毒现象，不利于人体健康。

鸭血豆腐火锅

【涮菜顺序】

1.鸭血300克、2.牛肉丸250克、3.玉兰片150克、4.马铃薯150克、5.西洋菜100克、6.油菜100克、7.蒜苗80克、8.豆皮50克、9.豆腐150克

【基础锅底】红汤锅底

【特点】汤色红亮，麻辣鲜香，美味可口，营养丰富。

【增鲜调味料】香菜、米酒、泡仔生姜、醪糟汁

【主料】鸭血、豆腐

【菜品加工】

1 鸭血煮熟，切块。

2 牛肉丸、玉兰片分别洗净备用。

3 马铃薯去皮，洗净，切片。

4 西洋菜、油菜分别洗净备用。

5 豆皮洗净，切片。

6 豆腐先用盐水浸泡，捞起切块。

7 蒜苗洗净，切段。

【火锅蘸料】

◎香油芝麻味碟 ◎葱花 ◎生姜末 ◎陈醋 ◎海鲜酱 ◎泡椒

注意事项

1. 高胆固醇血症、肝病、高血压和冠心病患者应少食鸭血；平素脾阳不振、寒湿泻痢的人不宜食用鸭血。

2. 豆腐先用盐水焯一下，下锅时就不容易碎了。

3. 豆腐中含有丰富的蛋白质，一次食用过量不仅阻碍人体对铁的吸收，而且容易引起蛋白质消化不良，出现腹胀、腹泻等不适症状。

牛杂火锅

【涮菜顺序】

1.牛肉250克、2.牛腩300克、3.毛肚200克、4.口蘑150克、5.冬瓜100克、6.胡萝卜100克、7.芹菜20克、8.小白菜80克、9.油菜150克、10.莴笋叶60克

【基础锅底】红汤锅底

【特点】卤汁红亮，原料丰富，肉鲜味美，细嫩可口。

【增鲜调味料】香菜、米酒、泡仔生姜、醪糟汁

【主料】毛肚、牛肉、牛腩

【菜品加工】

1. 牛肉洗净，切大片。
2. 牛腩洗净，氽水，切块。
3. 毛肚清洗干净切片。
4. 口蘑洗净备用。
5. 冬瓜洗净，去皮，切片。
6. 胡萝卜去皮，洗净，切块。
7. 芹菜洗净，切段。
8. 小白菜、油菜、莴笋叶分别洗净备用。

【火锅蘸料】

◎香油蒜泥味碟 ◎辣椒油 ◎花椒油

◎海鲜酱 ◎生抽 ◎甜面酱

注意事项

1.感染性疾病、肝病、肾病患者应慎食牛肉；牛肉也不宜多食，否则会增加体内胆固醇和脂肪的积累量，对身体有害。

2.口蘑应注意确保新鲜，食用前一定要多漂洗几遍，以去掉某些化学物质。

3.胡萝卜虽是一种富含营养的蔬菜，但不可多食，因为过量的胡萝卜素会影响卵巢的黄体素合成。

干香脆肚火锅

【涮菜顺序】

1.猪肚150克、2.芹菜段100克、3.白萝卜100克、4.大白菜50克、5.小白菜80克、6.香菜40克、7.生菜80克、8.莴笋100克

【基础锅底】红汤锅底

【特点】干香酥脆，鲜香麻辣，汁醇肉香，香气诱人。

【增鲜调味料】大葱、香菜、米酒、泡仔生姜

【主料】猪肚

【菜品加工】

1 猪肚洗净，切片。

2 芹菜洗净，切段。

3 白萝卜洗净，去皮，切厚片。

4 大白菜、香菜、小白菜、生菜分别择洗干净；莴笋洗净，去皮，切片。

【火锅蘸料】

◎椒香味碟 ◎芥末酱 ◎辣椒粉 ◎辣椒酱 ◎香菜末 ◎葱花

注意事项

1. 洗猪肚时，可将毛肚用清水洗几次，然后放进沸水里，经常翻动，不等水开就把毛肚取出来，再把毛肚两面的污物除掉就行了。

2. 白萝卜性偏寒凉而利肠，脾虚泄泻者应慎食或少食；另外应注意白萝卜不要与人参、西洋参同食。

3. 芹菜性凉质滑，脾胃虚寒、大便溏薄者不宜多食，芹菜有降血压的作用，故血压偏低者也须慎用。

牛肉火锅

【涮菜顺序】

1.牛肉200克、2.牛蹄筋100克、3.金针菇100克、4.胡萝卜100克、5.牛肚100克、6.榨菜20克、7.泡菜30克、8.西洋菜200克、9.芥蓝200克

【基础锅底】麻辣锅底

【特点】开胃爽口，汤汁鲜美，味道醇厚。

【增鲜调味料】桂皮、胡椒粉、蒜末、香菜

【主料】牛肉

【菜品加工】

1. 牛肉洗净，切片。
2. 牛肚、牛蹄筋洗净，切片，汆水。
3. 胡萝卜洗净，切块。
4. 金针菇洗净去根部。
5. 泡菜、榨菜洗净，切片。
6. 西洋菜、芥蓝洗净，择好。

【火锅蘸料】

◎香油芝麻味碟 ◎花椒油 ◎海鲜酱 ◎泡椒 ◎生抽 ◎甜面酱

注意事项

1. 煮牛肉时不要一直用旺火煮。因为肉块遇到高温，肌纤维会变硬，肉块就不易煮烂。
2. 吃牛肉不可食之太多，一周吃一次即可；牛脂肪更应少食为妙，否则会增加体内胆固醇和脂肪的积累量。
3. 选购牛肉的时候，要选用胸口、腰板、前腱、尾根等部位，这些部位有筋，肥瘦相间。

火锅鸡

【涮菜顺序】

1.鸡肉400克、2.鸡胗20克、3.鸡心20克、4.鸡血20克、5.鲜香菇20克、6.金针菇20克、7.莴笋100克、8.莴笋叶300克

【基础锅底】麻辣锅底

【特点】肉质细嫩，滋味鲜美，清脆爽口。

【增鲜调味料】香菜、丁香、小米椒、泡椒

【主料】鸡

【菜品加工】

1. 鸡肉洗净，斩块，汆水。
2. 鸡胗、鸡心切片，汆水。
3. 鸡血煮熟成块，切片。
4. 鲜香菇洗净切片，金针菇洗净去根部。
5. 莴笋去皮洗净，切成菱形。
6. 莴笋叶洗净，择好装篮。

【火锅蘸料】

◎青椒味碟 ◎生姜末 ◎陈醋 ◎豆瓣酱 ◎番茄酱 ◎辣椒油

注意事项

1. 禁食多龄鸡头、鸡臀尖；鸡肉不要与大蒜、芝麻、芥末同食。
2. 贫血患者、老人、妇女和从事粉尘、纺织、环卫、采掘等工作的人尤其应该常吃鸡血；高胆固醇血症、肝病、高血压和冠心病患者应少食鸡血。
3. 鸡心内含污血，须漂洗后才能食用，但有消化系统疾病者勿食。

家常狗肉火锅

【涮菜顺序】

1.狗肉1000克、2.黑木耳100克、3.芥蓝100克、4.香菜80克、5.蒜苗80克、6.粉丝200克

【基础锅底】麻辣锅底

【特点】香味浓郁，味道醇厚，温肾壮阳。

【增鲜调味料】蒜末、香菜、丁香、泡椒、沙姜

【主料】狗肉

【菜品加工】

1. 狗肉洗净，斩块，汆水。
2. 黑木耳泡发，洗净，成片
3. 芥蓝、香菜洗净，择好。
4. 蒜苗洗净，切段。
5. 粉丝洗净，泡发至软，沥干水分。

【火锅蘸料】

◎香油蒜泥味碟 ◎辣椒油 ◎花椒油 ◎海鲜酱 ◎生抽 ◎甜面酱

注意事项

1. 患咳嗽、感冒、发热、腹泻和阴虚火旺等非虚寒性疾病的人，脑血管病、心脏病、高血压病、脑卒中后遗症患者不宜食用狗肉。此外，大病初愈的人也不宜食用狗肉。

2. 涮火锅时多种食物一起吃，难免造成一些食物搭配不当，一定要注意避免。比如，涮萝卜时就不要再吃木耳，二者一起食用可能导致皮炎。

猪蹄火锅

【涮菜顺序】

1.猪蹄500克、2.猪肠100克、3.马铃薯100克、4.西兰花100克、5.芥蓝100克、6.豆腐80克

【基础锅底】麻辣锅底

【特点】味道醇厚，肉鲜汤浓，美容养颜。

【增鲜调味料】桂皮、胡椒粉、丁香、小米椒

【主料】猪蹄

【菜品加工】

1 猪蹄去毛，洗净，斩成块，放入料酒、盐氽水断生。

2 猪肠洗净，氽水断生，切成段。

3 马铃薯洗净，切片。

4 西兰花洗净，切成瓣

5 豆腐洗净，划厚片。

6 芥蓝洗净，择好，切得长度适中。

【火锅蘸料】

◎鸡蛋香油味碟 ◎葱花 ◎生姜末 ◎陈醋 ◎花椒油 ◎海鲜酱

注意事项

1. 猪蹄清洗时，可用开水煮到皮发涨，然后取出用指钳将毛拔除，省力省时。

2. 因猪蹄油脂较多，动脉硬化及高血压患者少食为宜；如果有痰盛阻滞、食滞者也应慎吃。

3. 马铃薯含有一些有毒的生物碱，主要是茄碱和毛壳霉碱，但一般经过170℃的高温烹调，有毒物质就会分解。

猪肚火锅

【涮菜顺序】

1.猪肚500克、2.酸笋100克、3.鱼肉片100克、4.胡萝卜100克、5.西兰花100克、6.油豆腐80克、7.生菜80克、8.大白菜80克

【基础锅底】麻辣锅底

【特点】味道鲜美，浓郁绵长，营养美味。

【增鲜调味料】草果、八角、小米椒、泡椒

【主料】猪肚

【菜品加工】

1. 猪肚洗净，用料酒汆水，捞出切片。
2. 酸笋洗净，切成片。
3. 鱼宰杀，去内脏，洗净，切成鱼片。
4. 胡萝卜洗净，切成菱形。
5. 西兰花洗净，切瓣。
6. 油豆腐洗净。
7. 生菜、大白菜洗净，择好，切得长度适中。

【火锅蘸料】

◎香油芝麻味碟 ◎芝麻酱 ◎鲜辣酱 ◎香菜末 ◎葱花 ◎豆瓣酱

注意事项

1. 购买猪肚时，呈淡绿色，黏膜模糊，组织松弛、易破，有腐败恶臭气味的不要选购。
2. 猪肚与莲子同食易中毒，猪内脏不适宜贮存，应随买随吃。
3. 酸笋在泡制过程中不必加白酒，但是容器一定要事先用开水烫过，并反扣在太阳下暴晒杀菌，泡菜坛口水封严密，半月即可食用。

鲶鱼火锅

【涮菜顺序】

1.鲶鱼500克、2.酸菜100克、3.莲藕100克、4.海带100克、5.大白菜80克、6.小白菜200克、7.粉丝80克

【基础锅底】麻辣锅底

【特点】肉质细嫩，味道鲜美，开胃消食。

【增鲜调味料】丁香、小米椒、八角、桂皮

【主料】鲶鱼

【菜品加工】

1 鲶鱼宰杀，去除内脏，洗净，剖成两半，切成段。

2 酸菜洗净，沥干水分，切成段。

3 莲藕洗净，切片。

4 海带用水泡发后，洗净，切成长段，打成海带结。

5 大白菜、小白菜洗净，择好。

6 粉丝泡发，沥干水分。

【火锅蘸料】

◎小米椒味碟 ◎鲜辣酱 ◎花生酱 ◎陈醋 ◎豆瓣酱 ◎花椒油

注意事项

1. 鲶鱼的卵最好丢掉，不要食用，误食会导致呕吐、腹痛、腹泻等。

2. 鲶鱼体表黏液丰富，宰杀后放入沸水中烫一下，再用清水洗净，即可去掉黏液。

3. 鲶鱼是发物，有痼疾、疮疡者要慎食，最好不吃。

4. 腌制酸菜时最好用酸菜盐，即不含碘的盐，否则酸菜容易变软，也酸得快，口感会大打折扣。

豆皮火锅

【涮菜顺序】

1.豆皮200克、2.香菇100克、3.玉米100克、4.胡萝卜100克、5.西兰花80克、6.大白菜80克、7.莴笋叶200克、8.粉丝80克

【基础锅底】麻辣锅底

【特点】新鲜香甜，香气沁人，汤浓汁厚。

【增鲜调味料】鸡蛋香油味碟、芥末酱、辣椒粉、辣椒酱、生姜末、陈醋

【主料】豆皮

【菜品加工】

1. 豆皮洗净，切段。
2. 香菇洗净，切片。
3. 玉米剥净，胡萝卜洗净，二者均切段。
4. 西兰花洗净，切瓣。
5. 大白菜、莴笋叶洗净，择好。
6. 粉丝泡发，沥干水分。

【火锅蘸料】

◎香油蒜泥味碟 ◎芝麻酱 ◎鲜辣酱

◎花生酱 ◎香菜末 ◎葱花

注意事项

1. 香菇含有丰富的生物化学物质，与含有类胡萝卜素的西红柿同食，会破坏西红柿所含的类胡萝卜素，使营养价值降低。

2. 煮玉米时，里面加适量盐，这样能强化玉米的口感，吃起来有丝丝甜味。

3. 优质的西兰花清新、坚实、紧密，外层叶子紧裹菜花，新鲜、饱满且呈绿色。反之劣质西兰花块状花序松散，这是生长过于成熟的表现。

红薯粉火锅

【涮菜顺序】

1.猪肚300克、2.酸笋100克、3.金针菇100克、4.红薯粉80克、5.油菜200克、6.油麦菜200克、7.小白菜100克、8.粉丝80克、9.香菜20克

【基础锅底】麻辣锅底

【特点】鲜滑爽口，清香扑鼻，营养丰富。

【增鲜调味料】鲜滑爽口，清香扑鼻，营养丰富。

【主料】红薯粉

【菜品加工】

1. 猪肚用刀刮毛，洗净，斩块，汆水至熟。
2. 酸笋洗净，切片。
3. 金针菇洗净，去根部。
4. 油菜、油麦菜、小白菜、香菜择得大小适中，洗净。
5. 红薯粉泡软，洗净，沥干。
6. 粉丝洗净。

【火锅蘸料】

◎香油蒜泥味碟 ◎芥末酱 ◎辣椒粉

◎辣椒酱 ◎沙茶酱 ◎芝麻酱

注意事项

1. 猪肚一般人都可食用，但湿热痰滞内蕴者慎吃，肥胖、血脂较高者不宜多食。
2. 未熟透的金针菇中含有秋水仙碱，人食用后容易因氧化而产生有毒的二秋水仙碱，它对胃肠黏膜和呼吸道黏膜有强烈的刺激作用。
3. 红薯粉在使用前，要提前用热水泡40分钟，至完全变软，沥干水分，再下入火锅较易煮入味并变得黏稠。

海带鸭火锅

【涮菜顺序】

1.仔鸭200克、2.鸭肠100克、3.海带80克、4.莲藕80克、5.黑木耳80克、6.大白菜200克、7.油麦菜120克、8.生菜130克、9.西洋菜50克

【基础锅底】麻辣锅底

【特点】味道鲜美，不油不腻，瘦身养颜。

【增鲜调味料】胡椒粉、蒜末、香菜、丁香、小米椒

【主料】海带、仔鸭

【菜品加工】

1. 仔鸭宰杀洗净，去除内脏，斩块，汆水。
2. 鸭肠洗净，切段。
3. 海带洗净，切段，打成结。
4. 莲藕洗净，切片。
5. 黑木耳洗净，温水泡发。
6. 大白菜、油麦菜、生菜、西洋菜均择洗干净。

【火锅蘸料】

◎鸡蛋香油味碟 ◎豆瓣酱 ◎番茄酱
◎辣椒油 ◎香菜末 ◎葱花

注意事项

1. 鸭肉在煮之前先去掉鸭尾两侧的臊豆；在汆水时，放入少量料酒和醋，因为酒中含有一定量的酒精，随着加热鸭腥味与酒精会一起挥发掉。
2. 鲜鸭肠不宜长时间保鲜，家庭中如果暂时食用不完，可将剩余的鲜鸭肠收拾干净，放入清水锅内煮熟，取出用冷水过凉，再擦净表面水分，用保鲜袋包裹成小包装，直接冷藏保鲜。

猪心火锅

【涮菜顺序】

1.猪心300克、2.毛肚100克、3.鱼片100克、4.玉竹100克、5.金针菇100克、6.莴笋30克、7.苦菊120克、8.油菜150克、9.油麦菜150克

【基础锅底】麻辣锅底

【特点】味美纯正，汤汁浓郁，色泽红润。

【增鲜调味料】蒜末、香菜、丁香、小米椒

【主料】猪心

【菜品加工】

1 猪心洗净，汆水，切成2厘米厚的薄片。

2 毛肚洗净，汆水，去异味，切成片。

3 鱼肉洗净，切成薄片。

4 玉竹洗净，切成片。

5 金针菇洗净，去根部。

6 莴笋洗净，削皮，切片。

7 苦菊、油麦菜、油菜洗净，择好。

【火锅蘸料】

◎红油味碟 ◎陈醋 ◎豆瓣酱 ◎番茄酱 ◎花椒油 ◎豆酱

注意事项

1. 猪心通常有股异味，买回来猪心后，可立即在少量面粉中“滚”一下，放置1小时左右，然后再用清水洗净。

2. 痰湿气滞者禁服玉竹，脾虚便溏者慎服。

3. 莴笋不宜与蜂蜜同食。蜂蜜味甘、性平，莴笋是寒性食品，二者同吃对身体不利。

酸菜牛肉火锅

【涮菜顺序】

1.牛肉200克、2.酸菜150克、3.马铃薯100克、4.洋葱80克、5.腐竹80克、6.金针菇80克、7.生菜80克、8.西洋菜80克、9.粉丝100克

【基础锅底】酸汤锅底

【特点】酸香味醇，清淡爽口，开胃消食。

【增鲜调味料】香菜、泡仔生姜、大葱、郫县豆瓣

【主料】牛肉

【菜品加工】

1. 牛肉洗净，加料酒拌匀。
2. 酸菜反复搓洗，让沙粒沉淀，洗净，切成小段。
3. 马铃薯去皮洗净，切薄片。
4. 洋葱洗净，切成片。
5. 腐竹浸泡发软，切成段。
6. 金针菇、生菜、西洋菜洗净，去蒂，择好。
7. 粉丝泡发，洗净，沥干。

【火锅蘸料】

◎鸡蛋香油味碟 ◎豆瓣酱 ◎番茄酱
◎辣椒油 ◎香菜末 ◎葱花

注意事项

1. 挑选牛肉时，要看肉皮有无红点，无红点是好肉，有红点的牛肉是坏肉；新鲜牛肉有光泽，红色均匀，较次的牛肉，肉色稍暗。
2. 如果长期贪食酸菜，可能引起泌尿系统结石。
3. 洋葱辛温，胃火炽盛者不宜多吃，吃太多会使胃肠胀气。

酸汤腊肉火锅

【涮菜顺序】

1.腊肉200克、2.鸡肾100克、3.猪肉100克、4.魔芋100克、5.马铃薯80克、6.西红柿80克、7.黄豆芽80克、8.皇帝菜120克、9.莴笋叶150克、10.小白菜120克

【基础锅底】酸汤锅底

【特点】味道醇香，肥不腻口，色泽鲜艳。

【增鲜调味料】鸡精、香菜、泡仔生姜、大葱

【主料】腊肉

【菜品加工】

1. 腊肉用温水洗净，切片。
2. 鸡肾、猪肉洗净，切片。
3. 魔芋、马铃薯洗净，切小块。
4. 西红柿洗净，切成大片。
5. 黄豆芽、皇帝菜、莴笋叶、小白菜分别择好洗净。

【火锅蘸料】

◎香油蒜泥味碟 ◎干辣椒末 ◎芥末酱 ◎辣椒粉 ◎辣椒酱 ◎沙茶酱

注意事项

1.购买腊肉时，要选外表干爽、没有异味或酸味、肉色鲜明的；如果瘦肉部分呈现黑色，肥肉呈现深黄色，表示已经超过保质期，不宜购买。

2.鸡肾的营养物质大部分为蛋白质和脂肪，吃多了会导致身体肥胖。

3.生魔芋有毒，必须充分煮熟才可食用；消化不良的人，每次食量不宜过多。

酸萝卜鸭火锅

【涮菜顺序】

1.鸭肉200克、2.鱼丸100克、3.泡萝卜100克、4.草菇100克、5.金针菇100克、6.西洋菜100克

【基础锅底】酸汤锅底

【特点】酸甜开胃，色泽光亮，味道醇香。

【增鲜调味料】泡仔生姜、大葱、郫县豆瓣、沙姜

【主料】鸭肉

【菜品加工】

1. 鸭肉洗净，加料酒、盐拌匀，汆水后捞出。
2. 鱼丸洗净，控干水分后备用。
3. 泡萝卜从坛中取出，略洗后沥干水分。
4. 草菇剖开洗净；金针菇去根部洗净。
5. 西洋菜去除老根，择好，洗净。

【火锅蘸料】

◎香油蒜泥味碟　◎干辣椒末　◎陈醋
◎豆瓣酱　◎香菜末　◎葱花

注意事项

1. 鸭肉忌与兔肉、杨梅、核桃、鳖、木耳、胡桃、大蒜、荞麦同食。
2. 体虚胃寒者，因受凉而引起的不思饮食、胃部冷痛、腹泻清稀患者，腰痛及寒性痛经者，以及肥胖、动脉硬化、慢性肠炎患者应少食鸭肉。
3. 腌泡萝卜要等到霜降以后，此时腌制出来的萝卜方无苦味，而且也不会糠心。

鲫鱼火锅

【涮菜顺序】

1.猪肉250克、2.鲫鱼1条、3.玉米300克、4.莴笋150克、5.大白菜100克、6.芥蓝100克、7.生菜300克、8.豆腐300克、9.粉丝320克

【基础锅底】家常锅底

【特点】汤汁纯净，鱼肉酥嫩。

【增鲜调味料】米酒、大蒜、小茴香、白豆蔻

【主料】鲫鱼

【菜品加工】

1. 猪肉洗净，切薄片。
2. 鲫鱼宰杀，去鱼鳞、内脏，冲洗干净。
3. 玉米去须，洗净，切段。
4. 莴笋摘去叶子，洗净，削皮，切长方形薄片。
5. 大白菜、芥蓝、生菜均择洗干净，装篮。
6. 粉丝用温水泡约30分钟至软，捞起沥干待用。
7. 豆腐洗净切块。

【火锅蘸料】

◎鸡蛋香油味碟　◎花生酱　◎葱花　◎陈醋　◎番茄酱　◎辣椒油

注意事项

1.将鲫鱼去鳞剖腹洗净后，放入盆中倒一些黄酒，就能除去鲫鱼的腥味，并能使鱼肉滋味更加鲜美。

2.芥蓝不宜保存太久，建议购买新鲜的芥蓝后应尽快食用。

3. 不要食用过夜的熟生菜，以免亚硝酸盐中毒。

4.吃豆腐后最好不要喝碳酸饮料。两者若一起食用，将会降低人体对钙的吸收。

原汤羊肉火锅

【涮菜顺序】

1.羊肉300克、2.马铃薯200克、3.莲藕150克、4.玉米300克、5.西兰花100克、6.海带100克、7.芹菜100克、8.黑木耳60克、9.大白菜300克、10.莴笋叶300克、11.豌豆苗60克、

【基础锅底】家常锅底

【特点】味鲜怡人，汤香醇厚。

【增鲜调味料】香叶、排草、冰糖、小茴香

【主料】羊肉

【菜品加工】

1 羊肉洗净，汆去血水后切片，然后卷成卷。

2 马铃薯洗净去皮，切厚片。

3 莲藕洗净，切去藕节，削皮后再次冲洗，切片。

4 玉米洗净去须，切成若干段。

5 西兰花洗净，摘成小朵。

6 海带洗净泡好，打结装盘。

7 芹菜洗净，摘去叶子后切段。

8 黑木耳洗净，泡发；豌豆苗、大白菜、莴笋叶均洗净备用。

【火锅蘸料】

◎青椒味碟 ◎辣椒粉 ◎辣椒酱 ◎沙茶酱 ◎生抽 ◎豆酱

注意事项

1.吃海带后不要马上喝茶，也不要立刻吃酸涩的水果。因为海带中含有丰富的铁，以上两种食物都会阻碍体内铁的吸收。

2.孕妇和乳母不要多吃海带。这是因为海带中的碘可随血液循环进入胎儿和婴儿体内，引起甲状腺功能障碍。

竹荪鸭肉火锅

【涮菜顺序】

1.鸭肉400克、2.牛肉丸250克、3.鱼丸200克、4.玉米300克、5.西兰花100克、6.竹荪适量、7.豌豆苗100克、8.小白菜300克、9.大白菜150克、10.莴笋叶100克

【基础锅底】家常锅底

【特点】汤鲜肉香，原汁原味。

【增鲜调味料】香叶、灵草、冰糖、米酒

【主料】竹荪、鸭肉

【菜品加工】

1. 鸭肉洗净，汆水后斩块。
2. 鱼丸、牛肉丸均洗净，控干水分后备用。
3. 西兰花洗净，摘成小朵。
4. 竹荪洗净，泡软后装盘备用。
5. 豌豆苗洗净，择好备用。
6. 小白菜、大白菜、莴笋叶均洗净，装篮。
7. 玉米洗净，去须切块。

【火锅蘸料】

◎鸡蛋香油味碟　◎鲜辣酱　◎花生酱

◎葱花　◎陈醋　◎番茄酱

注意事项

1.鸭子的毛较难除去，宰杀之前喂一些酒，可使毛孔增大，便于去毛。

2.选购西兰花要注意花球要大，紧实，色泽好，花茎脆嫩，以花芽尚未开放的为佳。

3.脾胃虚寒、大便溏薄者，不宜多食小白菜。

4.吃玉米后最好不要喝可乐。因为两者都富含磷，经常同食，会摄取过多的磷，而干扰体内钙的吸收。

肥肠蘑菇火锅

【涮菜顺序】

1.猪肠250克、2.莲藕200克、3.莴笋100克、4.香菇100克、5.白玉菇120克、6.油菜250克、7.黑木耳70克、8.紫叶生菜150克、9.芥蓝100克、10.小白菜150克、11.莴笋叶 120克

【基础锅底】家常锅底

【特点】鲜香可口，细嫩美味。

【增鲜调味料】灵草、冰糖、米酒、小茴香

【主料】猪肠、白玉菇

【菜品加工】

1 猪肠用粗盐一汤匙擦洗净，放入开水中稍烫，再用冷水冲洗，切段。

2 莲藕去藕节，洗净泥沙，去皮，切片。

3 莴笋洗净，削皮，切薄片。

4 白玉菇洗净，去根蒂备用。

5 香菇洗净，去蒂后切片。

6 黑木耳洗净，泡发，捞出沥干水分。

7 油菜、芥蓝、紫叶生菜、莴笋叶、小白菜均洗净备用。

【火锅蘸料】

◎青椒味碟 ◎花生酱 ◎葱花 ◎陈醋 ◎豆酱 ◎生姜末

注意事项

1.猪肠的异味较重，在用粗盐擦洗之前可用水淀粉抓捏数次。

2.由于莲藕性偏凉，故产妇不宜过早食用，一般产后1~2周后再吃藕可以逐瘀。

3.吃木耳后不宜饮茶。因为富含铁质的木耳与含有单宁酸的茶叶同食，会降低人体对铁的吸收。

鸡脯肉火锅

【涮菜顺序】

1.鸡脯肉400克、2.马铃薯300克、3.白萝卜300克、4.莲藕300克、5.海带150克、6.豌豆苗300克、7.皇帝菜450克、8.莴笋叶120克、9.紫叶生菜100克

【基础锅底】家常锅底

【特点】咸鲜酸辣，鱼肉鲜嫩，口感劲道。

【增鲜调味料】香叶、灵草、冰糖、大蒜

【主料】鸡脯肉

【菜品加工】

1 鸡脯肉洗净，切厚片。

2 马铃薯洗净，削皮，切约0.5厘米厚的片。

3 白萝卜洗净去皮，沥干水分后切片。

4 莲藕洗净，切掉藕节，去皮后再次冲洗，切片。

5 海带入水泡好，捞出沥干水后打结。

6 豌豆苗、皇帝菜、莴笋叶、紫叶生菜均洗净。

【火锅蘸料】

◎香油蒜泥味碟 ◎甜面酱 ◎味椒盐 ◎豆腐乳 ◎豆酱 ◎生姜末

注意事项

1.感冒发热、内火偏旺、痰湿偏重以及患有热毒疖肿之人最好不吃鸡脯肉。

2.马铃薯削皮时，应只削掉薄薄的一层，因为马铃薯皮下面的汁液含有丰富的蛋白质。

3.莲藕要挑选外皮呈黄褐色、肉肥厚而白的。如果莲藕发黑，有异味，则不宜食用。

茶树菇仔鸡火锅

【涮菜顺序】

1.仔鸡1只、2.花菜100克、3.冬瓜120克、4.茶树菇100克、5.金针菇200克、6.油菜250克、7.莴笋叶150克、8.芥蓝100克、9.紫叶生菜200克、10.菠菜100克、11.小白菜100克、

【基础锅底】家常锅底

【特点】香醇味美，唇齿留香。

【增鲜调味料】香叶、排草、冰糖、大蒜

【主料】茶树菇、仔鸡

【菜品加工】

1 仔鸡宰杀，洗净，去毛、内脏，入开水中汆烫，斩块。

2 花菜洗净，控干水分，掰成小朵。

3 冬瓜洗净削皮，切成约0.5厘米厚的片。

4 茶树菇、金针菇均洗净，切去根蒂。

5 油菜洗净，用刀在底部打上十字切口。

6 莴笋叶、芥蓝、紫叶生菜、菠菜、小白菜均洗净备用。

【火锅蘸料】

◎香油芝麻味碟 ◎陈醋 ◎豆瓣酱 ◎番茄酱 ◎甜面酱 ◎味椒盐

注意事项

1.食用花菜时要细嚼慢咽，这样才有利于营养的吸收。

2.冬瓜的品质，除早采的嫩瓜要求鲜嫩以外，一般晚采的老冬瓜要求：发育充分，老熟，肉质结实，肉厚，心室小；皮色青绿，带白霜，形状端正，表皮无斑点和外伤，皮不软。

3.在挑选油菜时要挑选新鲜、油亮、无黄萎的嫩油菜，还要仔细观察菜叶上有无虫迹和药痕。

涮猪肝火锅

【涮菜顺序】

1.猪肝300克、2.大葱150克、3.海带200克、4.豌豆苗200克、5.油菜200克、6.芥蓝100克、7.紫叶生菜200克、8.小白菜250克、9.腐竹适量、10.粉丝300克

【基础锅底】家常锅底

【特点】滋味鲜美，口感劲道。

【增鲜调味料】灵草、冰糖、小茴香、白豆蔻

【主料】猪肝

【菜品加工】

1 猪肝反复冲洗，在冷水中浸泡半小时，捞出切片。

2 大葱洗净，沥干水后切段。

3 海带洗净，在温水中泡好后切段，打结。

4 豌豆苗、油菜、芥蓝、紫叶生菜、小白菜均洗净备用。

5 腐竹洗净，用水浸泡半小时，挤干水分后切段。

6 粉丝用温水浸泡至软，捞出用剪刀剪成小段。

【火锅蘸料】

◎小米椒味碟 ◎葱花 ◎花椒油 ◎花生酱 ◎海鲜酱 ◎甜面酱

注意事项

1.新鲜的猪肝呈褐色或紫色，用手按压坚实有弹性，有光泽，无腥臭异味。

2.大葱对汗腺刺激作用较强，有腋臭的人在夏季应慎食。

3.小白菜因质地娇嫩，容易腐烂变质，一般是随买随吃。

农家鸡火锅

【涮菜顺序】

1.鸡肉350克、2.鸡爪300克、3.胡萝卜150克、4.白玉菇200克 、5.鸡腿菇170克、6.豌豆苗300克、7.茼蒿500克、8.大白菜120克、9.油菜100克、10.菠菜250克、11.西洋菜120克

【基础锅底】家常锅底

【特点】清香可口，肉嫩汤美。

【增鲜调味料】排草、大蒜、小茴香、白豆蔻

【主料】鸡肉

【菜品加工】

1. 鸡肉用冷水冲洗干净，斩大块。
2. 鸡爪洗净去爪尖，用热水汆烫1分钟，捞出沥水。
3. 胡萝卜洗净，去皮，切片并打花刀。
4. 白玉菇洗净，切去根蒂备用。
5. 鸡腿菇洗净，斜刀切薄片。
6. 豌豆苗择去粗茎，洗净备用。
7. 茼蒿、大白菜、油菜、菠菜、西洋菜均洗净。

【火锅蘸料】

◎红油味碟 ◎葱花 ◎醋 ◎豆瓣酱 ◎番茄酱 ◎花椒油

注意事项

1.选购胡萝卜时，要挑选体形圆直、表皮光滑、色泽橙红、无须根的胡萝卜。

2.新鲜鸡腿菇不耐保存，建议买完就食用。

3.豌豆苗为凉性的碱性食物，尿频、胃寒的人应少吃。

4.吃此火锅时最好不要蘸食芥末。因为芥末是热性之物，鸡肉属温补之品，恐助火热，无益于健康。

奇味鱼火锅

【涮菜顺序】

1.鲫鱼1条、2.西红柿1个、3.黑木耳100克、4.红枣适量、5.韭黄150克、6.黄豆芽100克、7.豌豆苗300克、8.菠菜100克、9.上海青100克、10.大白菜200克、11.紫叶生菜200克、12.皇帝菜260克

【基础锅底】家常锅底

【特点】鲜香异常，别具风味。

【增鲜调味料】冰糖、米酒、大蒜、小茴香

【主料】鲫鱼

【菜品加工】

1 鲫鱼洗净，去鱼鳞、内脏，再用冷水冲洗干净。
2 西红柿用沸水焯烫一下，捞出切瓣。
3 黑木耳用温水浸泡10分钟，捞出摆盘。
4 红枣洗净，沥干水分备用。
5 韭黄洗净，切去根部，切段备用。
6 黄豆芽洗净，去除根部备用。
7 豌豆苗择掉粗茎，冲洗干净。
8 菠菜、上海青、大白菜、紫叶生菜、皇帝菜均洗净备用。

【火锅蘸料】

◎香油芝麻味碟　◎豆瓣酱　◎番茄酱　◎海鲜酱　◎生抽　◎甜面酱

注意事项

1.鲫鱼剖开洗净，在牛奶中泡一会儿既可除腥，又能增加鲜味。

2.买回西红柿后，用抹布擦干净，果蒂向上放在阴凉通风处，一般情况下，可保存10天左右。

3.韭黄不易保存，可以用带帮的大白菜叶子包住捆好，放在阴凉处。

4.西红柿不要与红薯同食，两者同食易引起腹痛、腹泻、呕吐等。

飘香猪肠火锅

【涮菜顺序】

1.猪肠250克、2.魔芋150克、3.白萝卜120克、4.冬瓜100克、5.西兰花300克、6.黑木耳100克、7.豌豆苗300克、8.茼蒿350克、9.菠菜200克、10.西洋菜150克、11.油菜100克、12.大白菜120克

【基础锅底】家常锅底

【特点】营养丰富，汤味鲜美。

【增鲜调味料】香叶、灵草、大蒜、白豆蔻

【主料】猪肠

【菜品加工】

1 猪肠洗净，入沸水中汆烫，捞出，斜刀切段。

2 魔芋冲洗干净，沥干水后切块。

3 白萝卜洗净，去皮，切薄片。

4 冬瓜洗净，削皮，切块备用。

5 西兰花洗净，掰成小朵备用。

6 木耳洗净，用温水泡好，捞出控干水分。

7 豌豆苗、茼蒿、菠菜、西洋菜、油菜、大白菜均洗净，装篮。

【火锅蘸料】

◎香油蒜泥味碟 ◎鲜辣酱 ◎辣椒油 ◎花椒油 ◎海鲜酱 ◎生抽

注意事项

1.烹饪魔芋之前，先用盐搓一搓，可以去掉附着在其表面的石灰粉。

2.花芽黄化、花茎过老的西兰花说明其品质不佳，不宜选购。

3.猪肠彻底清洗法：将猪肠放在盐、醋混合液中浸泡片刻，去除脏物，再放入淘米水中泡一会儿，然后在清水中轻轻搓洗几遍即可。

杂烩火锅

【涮菜顺序】

1.鸡胗120克、2.鸭肠100克、3.猪肝250克、4.山药片适量、5.黑木耳100克、6.白萝卜120克、7.冬瓜120克、8.苦菊300克、9.生菜300克、10.菠菜300克、11.西洋菜70克、12.油菜100克、13.大白菜100克

【基础锅底】家常锅底底

【特点】味道鲜美，用料丰富。

【增鲜调味料】排草、冰糖、米酒、大蒜

【主料】鸡胗、猪肝

【菜品加工】

1 鸡胗剖开，去掉两面的白皮，冲洗干净。

2 鸭肠放入淡盐水中浸泡5分钟，去掉里面的脏物，冲洗干净。

3 猪肝洗净，在清水中浸泡半小时，切小片。

4 山药片洗净，控干水分。

5 木耳洗净，在温水中泡至软，捞出控干水分。

6 白萝卜洗净，去皮，切成薄片。

7 冬瓜冲洗干净，削皮，切成小块。

8 苦菊、生菜、菠菜、西洋菜、油菜、大白菜均洗净备用。

【火锅蘸料】

◎青椒味碟 ◎芝麻酱 ◎鲜辣酱 ◎花生酱 ◎海鲜酱 ◎生姜末

注意事项

1.鸭肠如果色泽变暗，呈淡绿色或灰绿色，组织软，无韧性，黏液少且异味重，说明质量欠佳，不要选购。

2.鲜鸭肠不宜长时间保鲜，如果家中鸭肠暂时吃不完，可将剩余的鸭肠收拾干净，放入清水锅内煮熟，取出用冷水过凉，再擦净表面水分，用保鲜袋包裹成小包装，直接冷藏保鲜，一般可保鲜3~5天不变质。

草鱼萝卜火锅

【涮菜顺序】

1.草鱼半条、2.白萝卜150克、3.西兰花150克、4.莴笋150克、5.黄花菜100克、6.皇帝菜150克、7.菠菜200克、8.油菜240克、9.油麦菜100克、10.大葱80克、11.马铃薯80克、12.豆腐80克、13.红薯粉150克

【基础锅底】浓汤锅底

【特点】汤鲜可口，肉嫩醇厚，清热解毒。

【增鲜调味料】香菜、米酒、泡仔生姜、醪糟汁

【主料】草鱼、白萝卜

【菜品加工】

1 草鱼宰杀去头，去内脏，去鳞，洗净，切块。

2 白萝卜去皮，洗净，切片。

3 西兰花洗净，切块。

4 莴笋去皮，切片。

5 黄花菜、皇帝菜、菠菜、油菜、油麦菜洗净备用。

6 大葱洗净、切段。

7 马铃薯洗净，切片。

8 豆腐用盐水浸泡后，切长条状。

9 红薯粉泡发备用。

【火锅蘸料】

◎青椒味碟 ◎陈醋 ◎干辣椒末 ◎芥末酱 ◎辣椒粉 ◎辣椒酱

注意事项

1.应注意的是草鱼与咸菜一同食用容易生成有毒物质，从而引起中毒。

2.白萝卜可以生食，但要注意吃后半小时内不能进食，以防其营养成分被稀释。

3.菠菜不宜与丝瓜一起食用，同食容易引起腹泻。

4.在烫涮西兰花时，时间不宜太长，否则失去脆感，而且营养也会受损。

虾丸火锅

【涮菜顺序】

1.虾丸200克、2.鹌鹑蛋100克、3.枸杞50克、4.玉米300克、5.紫叶生菜适量、6.小白菜100克、7.大白菜100克

【基础锅底】浓汤锅底

【特点】汤清味美，肉质鲜嫩，滋味鲜香。

【增鲜调味料】香菜、泡仔生姜、郫县豆瓣、沙姜

【主料】虾丸

【菜品加工】

1 虾丸洗净备用。

2 鹌鹑蛋煮熟，剥壳备用。

3 枸杞洗净，沥干水分备用。

4 玉米洗净，切段。

5 紫叶生菜、小白菜、大白菜分别洗净备用。

【火锅蘸料】

◎椒香味碟　◎干辣椒末　◎芝麻酱　◎鲜辣酱　◎陈醋　◎豆瓣酱

注意事项

1.火锅涮肉时，应选择新鲜肉片，要尽量切得薄一些，因为肉片较厚，涮时不易杀死寄生虫虫卵，涮的时间过长，也会引起营养素损失。

2.涮火锅不宜吃太长时间，这样会使胃液、胆汁、胰液等消化液不停地分泌，腺体得不到正常的休息，导致胃肠功能紊乱而发生腹痛、腹泻，严重的可患慢性胃肠炎、胰腺炎等。

三鲜羊肉火锅

【涮菜顺序】

1. 羊肉 600 克、2. 鱼丸 500 克、3. 鸡脯肉 500 克、4. 枸杞 50 克、5. 香菇 200 克、6. 玉米 150 克、7. 皇帝菜适量、8. 大白菜 100 克、9. 莴笋叶 100 克、10. 油菜 100 克、11. 豆皮 200 克、12. 莲藕 400 克

【基础锅底】浓汤锅底

【特点】软嫩味美，爽滑适口，味美鲜香。

【增鲜调味料】大蒜、沙姜、大葱、香菜

【主料】羊肉

【菜品加工】

1. 羊肉洗净，切块。
2. 鱼丸洗净，备用。
3. 鸡脯肉洗净，切片。
4. 枸杞洗净，沥干水分备用。
5. 香菇用清水浸泡后，洗净，在伞盖上划十字刀。
6. 玉米、莲藕均洗净，切好。
7. 皇帝菜、油菜、大白菜、莴笋叶分别洗净备用。
8. 豆皮泡发，备用。

【火锅蘸料】

◎青椒味碟 ◎生抽 ◎甜面酱 ◎味椒盐 ◎豆腐乳 ◎豆酱

注意事项

1.因羊肉有膻味，可能会影响到其他肉的鲜美，所以在烫煮之前最好是用米醋去除其膻味。

2.皇帝菜不宜与马齿苋搭配食用，两者同食不利于钙、铁的吸收。

3.感冒发热、内火偏旺、痰湿偏重之人、患有热毒疖肿之人最好不吃鸡脯肉，以免对身体不利。

素菜火锅

【涮菜顺序】

1.玉米笋200克、2.姬菇120克、3.香菇适量、4.海带100克、5.黄豆芽120克、6.苦菊150克、7.香菜100克、8.大白菜100克、9.油菜100克、10.腐竹100克、11.菠菜300克

【基础锅底】清汤锅底

【特点】素淡爽口，清香怡人。

【增鲜调味料】大葱、大蒜、料酒、味精

【主料】玉米笋、腐竹

【菜品加工】

1. 玉米笋洗净，装盘备用。
2. 姬菇冲洗干净，切去根蒂备用。
3. 香菇洗净，去蒂，伞盖上打十字花刀；腐竹洗净，泡发捞出。
4. 海带放入温水中泡好，打结后装盘。
5. 黄豆芽用冷水冲洗干净，去尾根。
6. 苦菊、香菜、大白菜、油菜、菠菜均洗净备用。

【火锅蘸料】

◎青椒味碟　◎芝麻酱　◎葱花　◎陈醋　◎番茄酱　◎味椒盐

注意事项

1.玉米笋应以呈圆锥形，鲜嫩、乳黄色，无折断的为好。

2.姬菇买回来后摊放在报纸上，放在阴凉处风干，保存期可延长。

3.腐竹须用凉水泡发，这样可以使腐竹整洁、雅观，如用热水泡，则腐竹易碎。

家常猪排火锅

【涮菜顺序】

1.猪排骨300克、2.海带100克、3.白萝卜100克、4.鸡蛋100克、5.豆皮100克、6.大白菜220克、7.苦菊300克、8.生菜80克、9蟹味菇100克、10.白玉菇100克

【基础锅底】鸳鸯锅底

【特点】鲜美醇香，口感丰富，去火去湿。

【增鲜调味料】沙姜、桂皮、胡椒粉、白豆蔻

【主料】猪排骨

【菜品加工】

1 猪排骨洗净，斩块，氽水后捞出。
2 海带浸泡后洗净，切成片，打结。
3 白萝卜洗净，去皮，切薄片。
4 鸡蛋放入锅中煮熟，去壳。
5 豆皮洗净，切段，打成结。
6 大白菜、苦菊、生菜分别洗净，撕片；白玉菇、蟹味菇均切蒂洗净。

【火锅蘸料】

◎鸡蛋香油味碟　◎生姜末　◎陈醋　◎豆瓣酱　◎番茄酱　◎辣椒油

注意事项

1.排骨要选肥瘦相间的排骨，不能选全部是瘦肉的，否则肉中没有油分，排骨会比较柴。

2.孕妇不适宜大量食用海带，一方面因海带有催生的作用，另一方面海带含碘量非常高，过多的食用会影响胎儿的甲状腺发育。

3.白萝卜不适合脾胃虚弱者食用；在服用参类滋补药时最好不吃白萝卜，以免影响疗效。

金针鱼火锅

【涮菜顺序】

1.鱼肉200克、2.毛肚50克、3.鱿鱼50克、4.大葱50克、5.冬瓜50克、6.姬菇50克、7.金针菇100克、8.油麦菜200克、9.大白菜180克、10.生菜90克、11.苦菊50克、12.茼蒿110克

【基础锅底】鸳鸯锅底

【特点】肉质滑嫩，清香扑鼻，味道鲜美。

【增鲜调味料】冰糖、豆豉、大蒜、八角

【主料】鱼肉、金针菇

【菜品加工】

1. 鱼肉洗净，切薄片。
2. 毛肚洗净，切片，汆水后捞出。
3. 鱿鱼洗净，切段。
4. 大葱洗净切段；冬瓜洗净切块。
5. 姬菇洗净；金针菇去根部，洗净。
6. 油麦菜、大白菜、生菜、茼蒿、苦菊均择洗干净。

【火锅蘸料】

◎椒香味碟 ◎生抽 ◎甜面酱 ◎味椒盐 ◎花生酱 ◎香菜末

注意事项

1.金针菇要熟透后才能食用，不熟的金针菇含有秋水仙碱，人食用后容易因氧化而产生有毒的二秋水仙碱，它对胃肠黏膜和呼吸道黏膜有强烈的刺激作用。

2.小孩吃鱼，要注意选择鱼的种类，又要注意适当的食量。体型相对较大的食肉鱼，其体内汞含量比其他鱼偏高，尽量不要给小孩子吃。

乳鸽留香火锅

【涮菜顺序】

1.乳鸽200克、2.芋头100克、3.冬笋100克、4.马铃薯100克、5.莴笋100克、6.鹌鹑蛋100克、7.白玉菇80克、8.生菜80克、9.苦菊80克、10.大白菜80克

【基础锅底】鸳鸯锅底

【特点】肉质细嫩，皮脆肉滑，骨软味美。

【增鲜调味料】八角、桂皮、胡椒粉、冰糖

【主料】乳鸽

【菜品加工】

1 乳鸽肉洗净，加料酒、盐腌渍，汆水后捞出。

2 芋头去皮洗净，切片。

3 冬笋洗净，切成片。

4 马铃薯、莴笋去皮洗净，切薄片。

5 鹌鹑蛋煮熟，剥壳备用。

6 白玉菇洗净，撕成小块。

7 生菜、苦菊、大白菜分别择好洗净。

【火锅蘸料】

◎鸡蛋香油味碟 ◎鲜辣酱 ◎花生酱 ◎香菜末 ◎葱花 ◎生抽

注意事项

1.乳鸽肉的营养价值极高，但缺乏维生素B16、维生素C、维生素D、碳水化合物，建议与多种肉食搭配食用更好。

2.芋头的黏液中含有皂苷，能刺激皮肤发痒，因此生剥芋头皮时需小心。可以倒点醋在手中，搓一搓再削皮，芋头就不会伤到手了。

3.马铃薯要用文火煮烧，才能均匀地熟烂烂，若急火煮烧，会外熟内生。

三笋火锅

【涮菜顺序】

1.酸笋150克、2.冬笋150克、3.玉米笋150克、4.胡萝卜100克、5.金针菇100克、6.小白菜80克、7.茼蒿120克、8.豆腐100克、9.香菜50克、10.大白菜70克

【基础锅底】鸳鸯锅底

【特点】入口细腻，口味清淡，清甜脆嫩。

【增鲜调味料】草果、沙姜、豆豉、大蒜

【主料】玉米笋、冬笋、酸笋

【菜品加工】

1. 酸笋、冬笋洗净，切成薄片。
2. 玉米笋剥去皮，洗净备用。
3. 胡萝卜洗净，切薄片。
4. 金针菇去根部，洗净。
5. 小白菜、大白菜、茼蒿、香菜分别择好，洗净。
6. 豆腐洗净，切厚片。

【火锅蘸料】

◎椒香味碟　◎陈醋　◎豆瓣酱　◎番茄酱　◎花生酱　◎香菜末

注意事项

1.笋性极发，酸笋尤甚，身体有恙或有暗疾、皮肤病的人最好不吃酸笋。

2.冬笋性寒，年老体弱者和婴幼儿最好别吃，女性月经期间、产后也不宜多吃。

3.茼蒿辛香滑利，胃虚泄泻及胃寒者不宜多食。

附录　烹饪常识和技巧

烹饪方法

烹饪过程中用到的烹饪方法有很多，如熘、炒、蒸、煮、炸等，掌握了这些烹饪方法，我们可以根据食材的特性，选择适合食材的烹饪方法，这样既可以让营养更丰富，也可以让味道更鲜美。本节将教你各种烹饪方法的操作要领，让你运用自如。

拌

拌是一种冷菜的烹饪方法，操作时把生的原料或晾凉的熟料切成小型的丝、条、片、丁、块等形状，再加上各种调味料，拌匀即可。

❶

将原材料洗净，根据其属性切成丝、条、片、丁或块，放入盘中。

❷

原材料放入沸水中焯烫一下捞出，再放入凉开水中凉透，控净水，入盘。

❸

将蒜、葱等洗净，并添加盐、醋、香油等调味料，浇在盘内菜上，拌匀即成。

腌

腌是一种冷菜烹饪方法，是指将原材料放在调味卤汁中浸渍，或者用调味品涂抹、拌和原材料，使其部分水分排出，从而使味汁渗入其中。

❶

将原材料洗净，控干水分，根据其属性切成丝、条、片、丁或块。

❷

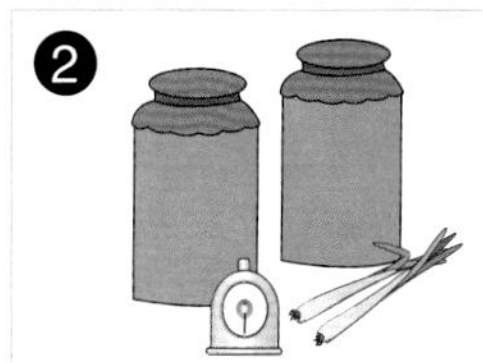

锅中加卤汁调味料煮开，晾凉后倒入容器中。将原料放容器中密封，腌7～10天即可。

❸

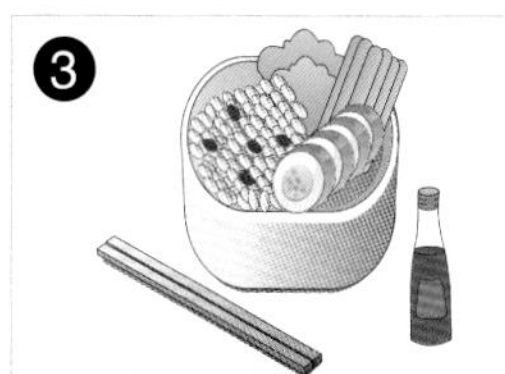

食用时可依个人口味加入辣椒油、白糖、味精等调味料。

卤是一种冷菜烹饪方法，指经加工处理的大块或完整原料，放入调好的卤汁中加热煮熟，使卤汁的鲜香滋味渗透进原材料的烹饪方法。调好的卤汁可长期使用，而且越用越香。

将原材料洗净，入沸水中汆烫以排污除味，捞出后控干水分。

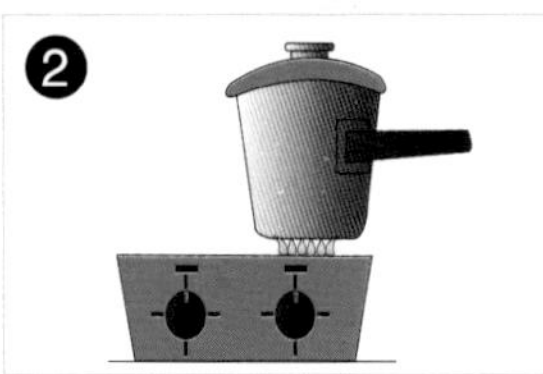

将原材料放入卤水中，小火慢卤，使其充分入味，卤好后取出，晾凉。

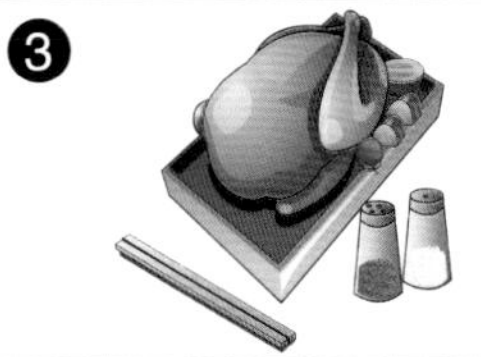

将卤好晾凉的原材料放入容器中，加入蒜蓉、味精、酱油等调味料拌匀，装盘即可。

炒是最常用的一种烹调方法，以油为主要导热体，将小型原料用中火或旺火在较短时间内加热成熟，调味成菜的一种烹饪方法。

将原材料洗净，切好备用。

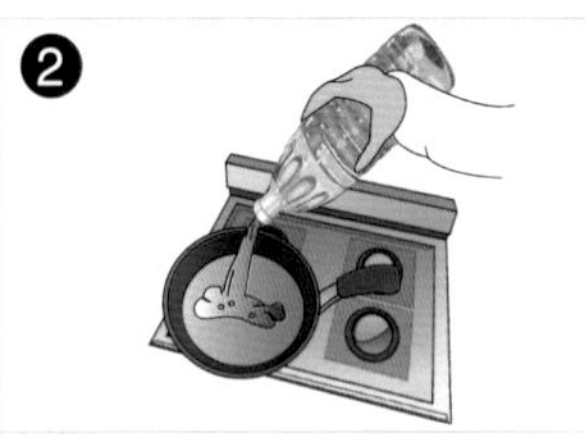

锅烧热，加底油，用葱、姜末炝锅。

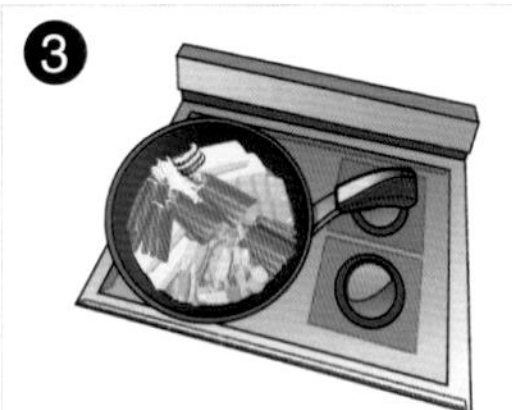

放入加工成丝、片、块状的原材料，直接用旺火翻炒至熟，调味装盘即可。

熘

熘是一种热菜烹饪方法，在烹调中应用较广。它是先把原料经油炸或蒸煮、滑油等预热加工成熟，然后再把成熟的原料放入调制好的卤汁中搅拌，或把卤汁浇在成熟的原料上。

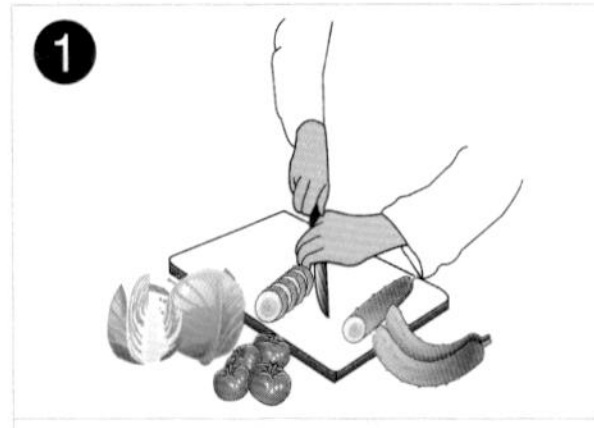

将原材料洗净，切好备用。

将原材料经油炸或滑油等预热加工使成熟。

将调制好的卤汁放入成熟的原材料中搅拌，装盘即可。

烧

烧是烹调中国菜肴的一种常用技法，先将主料进行一次或两次以上的预热处理之后，放入汤中调味，大火烧开后小火烧至入味，再用大火收汁成菜的烹调方法。

❶

将原料洗净，切好备用。

❷

将原料放锅中加水烧开，加调味料，改用小火烧至入味。

❸

用大火收汁，调味后，起锅装盘即可。

操作要点

1.所选用的主料多数是经过油炸煎炒或蒸煮等熟处理的半成品。
2.所用的火力以中小火为主，加热时间的长短根据原料的老嫩和大小而不同。
3.汤汁一般为原料的四分之一左右，烧制后期转旺火勾芡或不勾芡。

焖

焖是从烧演变而来的，是将加工处理后的原料放入锅中加适量的汤水和调料，盖紧锅盖烧开后改用小火进行较长时间的加热，待原料酥软入味后，留少量味汁成菜的烹饪方法。

❶

将原材料洗净，切好备用。

❷

将原材料与调味料一起炒出香味后，倒入汤汁。

❸

盖紧锅盖，改中小火焖至熟软后改大火收汁，装盘即可。

操作要点

1.要先将洗好切好的原料放入沸水中焯熟或入油锅中炸熟。
2.焖时要加入调味料和足量的汤水，以没过原料为好，而且一定要盖紧锅盖。
3.一般用中小火较长时间加热焖制，以使原料酥烂入味。

蒸

蒸是一种重要的烹调方法，其原理是将原料放在容器中，以蒸汽加热，使调好味的原料成熟或酥烂入味。其特点是保留了菜肴的原形、原汁、原味。

❶	❷	❸
		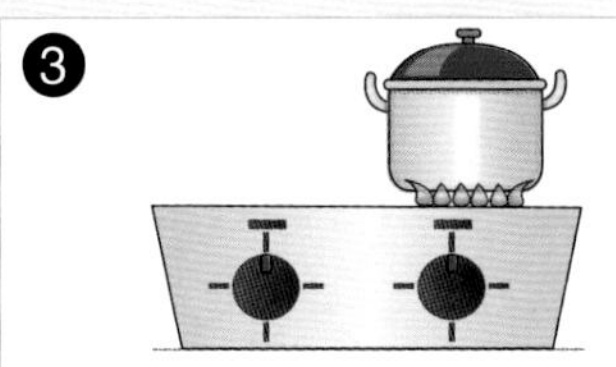
将原材料洗净，切好备用。	将原材料用调味料调好味，摆于盘中。	将其放入蒸锅，用旺火蒸熟后取出即可。

操作要点

1.蒸菜对原料的形态和质地要求严格，原料必须新鲜、气味纯正。
2.蒸时要用强火，但精细材料要使用中火或小火。
3.蒸时要让蒸笼盖稍留缝隙，可避免蒸汽在锅内凝结成水珠流入菜肴中。

烤

烤是将加工处理好或腌渍入味的原料置于烤具内部，用明火、暗火等产生的热辐射进行加热的技法总称。其特点是原料经烘烤后，表层水分散发，产生松脆的表面和焦香的滋味。

❶	❷	❸
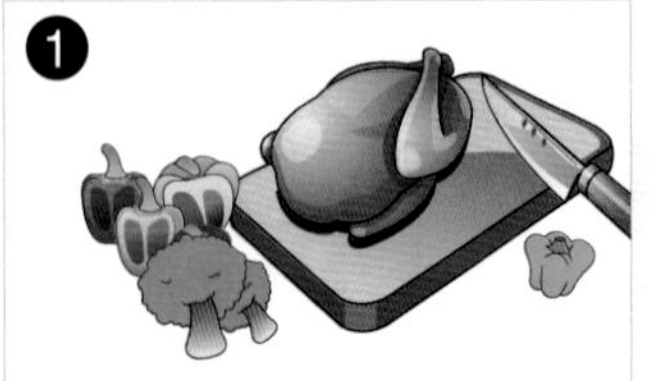	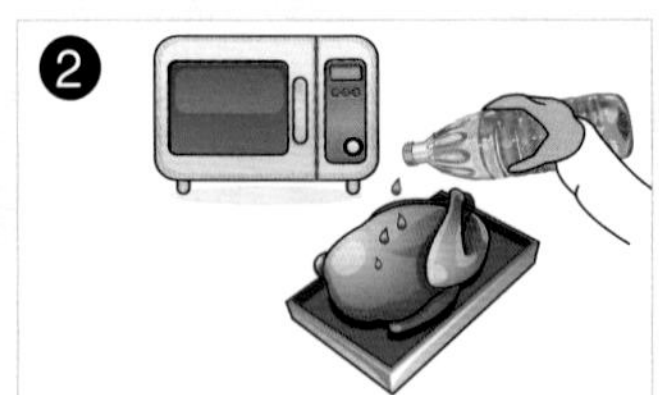	
将原材料洗净，切好备用。	将原材料腌渍入味，放在烤盘上，淋上少许油。	最后放入烤箱，待其烤熟，取出装盘即可。

操作要点

1.一定要将原材料加调味料腌渍入味，再放入烤箱烤，这样才能使烤出来的食物美味可口。
2.烤之前最好将原材料刷上一层香油或植物油。
3.要注意烤箱的温度，不宜太高，否则容易烤焦。另外还要掌握好时间的长短。

煎

一般日常所说的煎，是指先把锅烧热，再以凉油涮锅，留少量底油，放入原料，先煎一面上色，再煎另一面。煎时要不停地晃动锅，以使原料受热均匀，色泽一致，使其熟透，食物表面会呈金黄色乃至微糊。

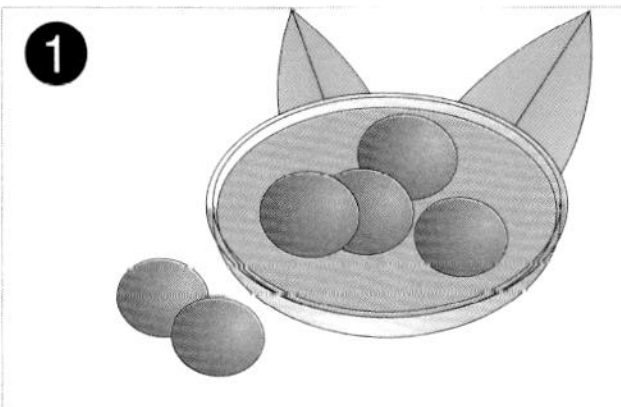

将原材料治净。

锅烧热，倒入少许油，放入原材料。

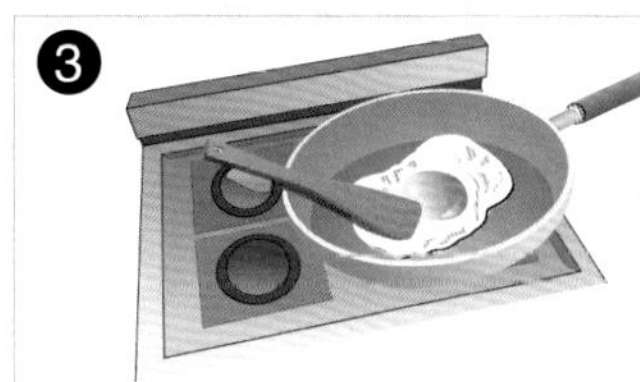

煎至食材熟透，装盘即可。

操作要点

1.用油要纯净，煎制时要适量加油，以免油少将原料煎焦了。

2.要掌握好火候，不能用旺火煎；油温高时，煎食物的时间往往较短。

3.还要掌握好调味的方法，一定要将原料腌渍入味，否则煎出来的食物口感不佳。

炸

炸是油锅加热后，放入原料，以食油为介质，使其成熟的一种烹饪方法。采用这种方法烹饪的原料，一般要间隔炸两次才能酥脆。炸制菜肴的特点是香、酥、脆、嫩。

将原材料洗净，切好备用。

将原材料腌渍入味或用水淀粉搅拌均匀。

锅下油烧热，放入原材料炸至焦黄，捞出控油，装盘即可。

操作要点

1.用于炸的原料在炸前一般需用调味品腌渍，炸后往往随带辅助调味品上席。

2.炸最主要的特点是要用旺火，而且用油量要多。

3.有些原料需经拍粉或挂糊再入油锅炸熟。

炖

炖是指将原材料加入汤水及调味品，先用旺火烧沸，然后转成中小火，长时间烧煮的烹调方法。炖出来的汤的特点是：滋味鲜浓、香气醇厚。

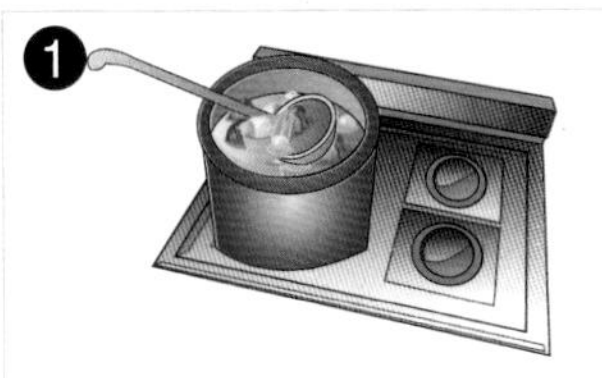

将原材料洗净，切好，入沸水锅中汆烫。

锅中加适量清水，放入原材料，大火烧开，再改用小火慢慢炖至酥烂。

最后加入调味料即可。

操作要点

1.大多原材料在炖时不能先放咸味调味品，特别不能放盐，因为盐的渗透作用会严重影响原材料的酥烂，延长加热时间。

2.炖时，先用旺火煮沸，撇去泡沫，再用微火炖至酥烂。

3.炖时要一次加足水量，中途不宜掀盖加水。

煮是将原材料放在多量的汤汁或清水中，先用大火煮沸，再用中火或小火慢慢煮熟。煮不同于炖，煮比炖的时间要短，一般适用于体小、质软的原材料。

将原材料洗净，切好。

油烧热，放入原材料稍炒，加入适量的清水或汤汁，用大火煮沸，再用中火煮至熟。

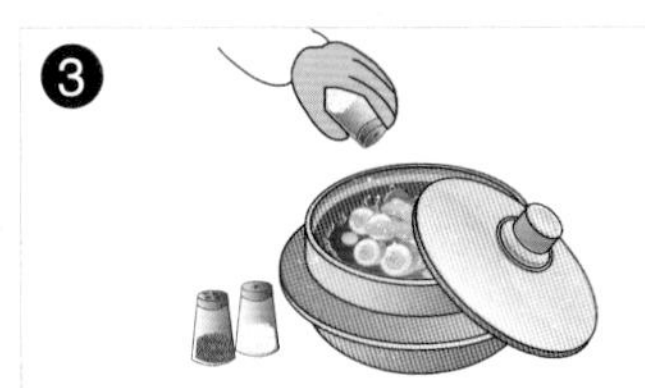

最后放入调味料即可。

操作要点

1.煮时不要过多地放入葱、姜、料酒等调味料，以免影响汤汁本身的鲜味。

2.不要过早过多地放入酱油，以免汤味变酸，颜色变暗发黑。

3.忌让汤汁大滚大沸，以免肉中的蛋白质分子运动激烈使汤浑浊。

煲

煲就是将原材料用文火煮，慢慢地熬。煲汤往往选择富含蛋白质的动物原料，一般需要3个小时左右。

❶ 

先将原材料洗净，切好备用。

❷ 

将原材料放锅中，加足冷水，用旺火煮沸，改用小火烧20分钟，加姜和料酒等调料。

❸ 

待水再沸后用中火保持沸腾3～4小时，浓汤呈乳白色时即可。

操作要点

1.中途不要添加冷水，因为正在加热的肉类遇冷收缩，蛋白质不易溶解，汤便失去了原有的鲜香味。

2.不要太早放盐，因为早放盐会使肉中的蛋白质凝固，从而使汤色发暗，浓度不够，外观不美。

烩是指将原材料油炸或煮熟后改刀，放入锅内加辅料、调料、高汤烩制的烹饪方法，这种方法多用于烹制鱼虾、肉丝、肉片等。

❶ 

将所有原材料洗净，切块或切丝。

❷ 

炒锅加油烧热，将原材料略炒，或汆水之后加适量清水，再加调味料，用大火煮片刻。

❸ 

然后加入芡汁勾芡，搅拌均匀即可。

操作要点

1.烩菜对原材料的要求比较高，多以质地细嫩柔软的动物性原材料为主，以脆鲜嫩爽的植物性原料为辅。

2.烩菜原料均不宜在汤内久煮，除经焯水或过油，有的原料还需上浆后再进行初步熟处理。一般以汤沸即勾芡为宜，以保证成菜的鲜嫩。

常见烹饪术语

焯水

焯水就是将初步加工的原料放在开水锅中加热至半熟或全熟，取出以备进一步烹调或调味。它是烹调中特别是凉拌菜中不可缺少的一道工序，对菜肴的色、香、味，特别是色起着关键作用。焯水，又称出水、飞水。

❶ 开水锅焯水注意事项

● 叶类蔬菜原料应先焯水再切配，以免营养成分损失过多。

● 焯水时应水多火旺，以使投入原料后能及时开锅。

● 焯制绿叶蔬菜时，略滚即捞出。蔬菜类原料在焯水后应立即投凉控干，以免因余热而使之变黄、熟烂。

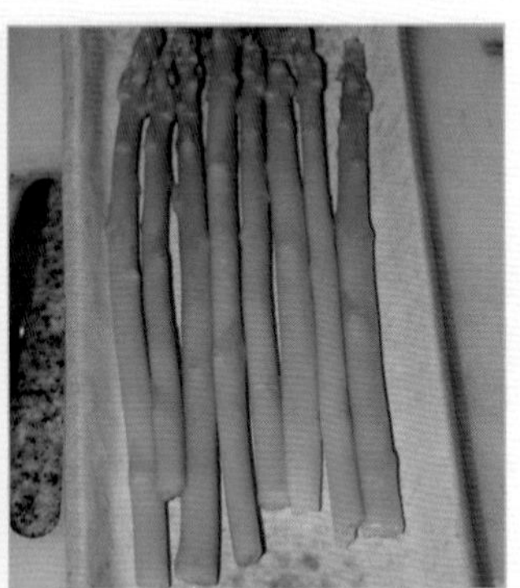

❷ 冷水锅焯水注意事项

● 锅内的加水量不宜过多，以淹没原料为度。

● 在逐渐加热过程中，必须对原料勤翻动，以使原料受热均匀，达到焯水的目的。

❸ 焯水的作用

1.可以使蔬菜颜色更鲜艳，质地更脆嫩，减轻涩、苦、辣味，还可以杀菌消毒。

2.可以使肉类原料去除血污及腥膻等异味，如牛、羊、猪肉及其内脏焯水后都可减少异味。

3.可以调整不同原材料的成熟时间，缩短烹调时间。由于原料性质不同，加热成熟的时间也不同，可以通过焯水使几种不同的原材料一起成熟。

4.便于原料进一步加工操作，有些原料焯水后容易去皮，有些原料焯水后便于进一步加工切制等。

走油

又称炸。走油是一种大油量、高油温的加工方法，油温在七、八成热。走油的原材料一般都较大，通过走油达到炸透、上色、定型的目的。

注意事项

● 挂糊、上浆的原料一般要分散下锅；不挂糊、不上浆的原料应抖散下锅；需要表面酥脆的原料，走油时应该复炸，也叫“重油”；需要保持洁白的原料，走油时必须用猪油或清油（即未用过的植物油）。

过油

过油，是将备用的原料放入油锅进行初步热处理的过程。过油能使菜肴口味滑嫩软润，保持和增加原料的鲜艳色泽，而且富有菜肴的风味特色，还能去除原料的异味。过油时要根据油锅的大小、原料的性质以及投料多少等正确地掌握油的温度。

注意事项

● 根据火力的大小掌握油温。急火，可使油温迅速升高，但极易造成互相粘连散不开或出现焦糊现象。慢火，原料在火力比较慢、油温低的情况下投入，则会使油温迅速下降，导致脱浆，从而达不到菜肴的要求，故原料下锅时油温应高些。

● 根据投料数量的多少掌握油温。投料数量多，原材料下锅时油温可高一些；投料数量少，原材料下锅时油温应低一些。油温还应根据原料质地老嫩和形状大小等情况适当掌握。

● 过油必须在急火热油中进行，而且锅内的油量以能浸没原料为宜。原料投入后由于原料中的水分在遇高温时立即汽化，易将热油溅出，须注意防止烫伤。

挂糊

挂糊是指在经过刀工处理的原料表面挂上一层粉糊。由于原材料在油炸时温度比较高，粉糊受热后会立即凝成一层保护层，使原材料不直接和高温的油接触。

注意事项

- 蛋清糊，也叫蛋白糊，用鸡蛋清和水淀粉调制而成。也有用蛋清和面粉、水调制的。还可加入适量的发酵粉助发。制作时蛋清不打发，只要均匀地搅拌在面粉、淀粉中即可，一般适用于软炸，如软炸鱼条、软炸口蘑等。
- 蛋泡糊，将鸡蛋清用筷子顺一个方向搅打，打至起泡，筷子在蛋清中直立不倒为止。然后加入干淀粉拌和成糊。用它挂糊制作的菜，外观形态饱满，口感外酥里嫩。
- 蛋黄糊，用鸡蛋黄加面粉或淀粉、水拌制而成。制作的菜色泽金黄，一般适用于酥炸、炸熘等烹调方法。炸熟后食品外酥里嫩，食用时蘸调味品即可。
- 全蛋糊，用整只鸡蛋与面粉或淀粉、水拌制而成。它制作简单，适用于炸制拔丝菜肴，成品金黄色，外酥里嫩。
- 水粉糊，用淀粉与水拌制而成，制作简单方便，应用广，多用于干炸、焦、熘、抓炒等烹调方法。制成的菜色金黄、外脆硬、内鲜嫩，如干炸里脊、抓炒鱼块等。
- 脆糊，在发糊内加入17%的猪油或色拉油拌制而成，一般适用于酥炸、干炸的菜肴。制菜后具有酥脆、酥香、胀发饱满的特点。

改刀

中国烹饪行业专业术语，就是切菜。将蔬菜或肉类用刀切成一定形状的过程，或是用刀把大块的原料改小或改形状。改刀的方法包括切丁、切粒、切块、切条、切丝、切段、剁茸、切花、做球等，视菜品不同来选择具体的切法。

切丁

切粒

切丝

切段

怎样洗切食物

1.清洗蔬菜的一般方法

为了除去残留在蔬菜表皮上的农药，可使用淡盐水（1%~3%）洗菜，这种方法效果良好。此外，秋天的蔬菜容易生虫，虫子喜欢躲在菜根或菜叶的褶纹里。用淡盐水将菜泡一泡，可除去虫子。在冰箱中贮存时间较长的菜容易发蔫，可在清水中滴三五滴食醋，将菜泡五六分钟后再洗净，可使蔬菜回鲜。

2.去除蔬菜中的残留农药

●烫洗除农药

对于豆角、芹菜、青椒、西红柿等，先烫5～10分钟再下锅，能清除部分农药残留。

●削皮去农药

对萝卜、胡萝卜、土豆、冬瓜、苦瓜、黄瓜、丝瓜等瓜果蔬菜，最好在清水漂洗前先削掉皮。特别是一些外表不平、细毛较多的蔬果，容易沾上农药，去皮可有效除毒。

●冲洗去农药

对韭菜花、黄花菜等花类蔬菜可一边排水一边冲洗，然后在盐水中浸泡一下。

●用淘米水去除蔬菜农药

呈碱性的淘米水，对解有机磷农药的毒有显著作用，可将蔬菜在淘米水中浸泡10～20分钟，再用清水将其冲洗干净，就可以有效地除去残留在蔬菜上的有机磷农药；也可将2匙小苏打水中加入盆水中，再把蔬菜放入水中浸泡5～10分钟，再用清水将其洗净。

●加热烹饪去蔬菜农药

经过加热烹煮后大多数农药都会分解，所以，烹煮蔬菜可以消除蔬菜中的农药残留。加热也可使农药随水蒸气蒸发而消失，因此煮菜汤或炒菜时不要加盖。

3.清洗冷冻食物

在冷盐水中解冻鸡、鱼、肉等，不仅速度快，且成菜后味道鲜美。也可将冷冻食品用姜汁泡约半小时后再清洗，不仅能洗净脏物，还能除腥添香。将冻肉放入啤酒中浸泡15分钟左右，捞出来用清水洗净能消除异味。

4.切肉技巧

●斜切猪肉

猪肉较为细腻，肉中筋少，所以要斜着纤维切，这样既不断裂，也不塞牙。

●横切牛肉

牛肉要横着纤维纹路切，因为牛肉的筋都顺着肉纤维的纹路分布，若随手便切，则会有许多筋腱未被切碎，会使加工的牛肉很难嚼烂。

●切羊肉

羊肉中分布着很多膜，在切之前要将其剔除干净，以避免炒熟后的肉质发硬，嚼不烂。

●顺切鸡肉

鸡肉较细嫩，肉的含筋量最少，顺着纤维切，才能使成菜后的肉整齐美观。

●切鱼肉用快刀

切鱼肉要使用快刀，由于鱼肉质细且纤维短，容易破碎。将鱼皮朝下，用刀顺着鱼刺的方向切入，切时要利索，这样炒熟后形状才完整，不至于凌乱破碎。

烹饪小窍门

1. 凉菜的常见制法与调味料

凉菜，夏日消暑，冬日开胃，是四季都受欢迎的人气菜肴。凉菜不但方便料理，且制作方法多样、简便、快捷。在制作凉菜时调味料是非常讲究的，一般以甜咸为底味，辅以香辣对凉菜进行调味，味道极其醇厚。

●凉菜的常见制作方法

以下是非常实用的凉菜的常见制作方法及几种调味料的做法。

拌

把生原料或凉的熟原料切成丁、丝、条、片等形状后，加入各种调味料拌匀。拌制凉菜具有清爽鲜脆的特点。

炝

先把生原料切成丝、片、丁、块、条等，用沸水稍烫一下，或用油稍滑一下，然后控去水分或油，加入以花椒油为主的调味品，最后进行掺拌。炝制凉菜具有鲜香味醇

的特点。

腌

腌是用调味料将主料浸泡入味的方法。腌渍凉菜不同于腌咸菜，咸菜是以盐为主，腌渍的方法也比较简单，而腌渍凉菜要用多种调味料。腌渍凉菜口感爽脆。

酱

将原料先用盐或酱油腌渍，放入用油、糖、料酒、香料等调制的酱汤中，用旺火烧开后撇去浮沫，再用小火煮熟，然后用微火熬浓汤汁，涂在原料的表面上。酱制凉菜具有香味浓郁的特点。

卤

将原料放入调制好的卤汁中，用小火慢慢浸煮卤透，让卤汁的味道慢慢渗入原料里。卤制凉菜具有味醇酥烂的特点。

酥

酥制凉菜是将原料放在以醋、糖为主要调料的汤汁中，经小火长时间煨焖，使主料酥烂。

水晶

水晶也叫冻，它的制法是将原料放入盛有汤和调味料的器皿中，上屉蒸烂或放锅里慢慢炖烂，然后使其自然冷却或放入冰箱中冷却。水晶凉菜具有清澈晶亮、软韧鲜香的特点。

●凉菜调味料

葱油、辣椒油（红油）、花椒油，这可是做好凉菜的终极法宝！想知道在家怎么用它们做出最正宗的凉拌菜吗？接下来就为你揭秘。

葱油

家里做菜，总有剩下的葱根、葱的老皮和葱叶，这些被你丢进垃圾筒的东西，原来竟是大厨们的宝贝。把它们洗净了，记住一定要晾干水分，与食用油一起放进锅里，稍泡一会儿，再开最小火，让它们慢慢熬煮，不待油开就关掉火，晾凉后捞去葱，余下的就是香喷喷的葱油了！

辣椒油（红油）

辣椒油跟葱油炼法一样，但是如果你老是把干辣椒炼糊，那么从现在起你可以采用一个更简单的办法：把干辣椒切段装进小碗，将油烧热立马倒进辣椒里瞬间逼出辣味。在制辣椒油的时候放一些蒜，会得到味道更有层次的红油。

花椒油

花椒油有很多种做法，家庭制法中最简单的是把锅烧热后下入花椒，炒出香味，然后倒进油，在油面出现青烟前关火，用油的余温继续加热，这样炸出的花椒油不但香，且花椒不易糊。花椒有红、绿两种，用红色花椒炸出的味道偏香一些，而用绿色的会偏麻一些。还可以把花椒炒熟碾成末，然后加水煮，分化出的花椒油是很上乘的花椒油。

2. 美味凉菜怎样拌

低油少盐、清凉爽口的凉拌菜，绝对是消暑开胃的最佳选择，但如何才能做出爽口开胃的凉拌菜呢？下面这些诀窍会让你用最短的时间、最快的方式拌出一手美味佳肴。

●选购新鲜材料

凉拌菜由于多数生食或略烫，因此首选新鲜材料，尤其要挑选当季盛产的材料，不仅材料便宜，滋味也较好。

●**事先充分洗净**

在制作凉拌菜前要剪去指甲，并用肥皂搓洗手2～3次。制作前必须充分洗净蔬菜，最好放入淘米水中泡20～30分钟，可消除残留在蔬菜表面的农药。食用瓜果类洗净后可放到1‰～3‰的高锰酸钾水中浸泡30分钟；叶菜类要用开水烫后再食用。菜叶根部或菜叶中可能有砂石、虫卵，要仔细冲洗干净。

●**完全沥干水分**

材料洗净或焯烫过后，务必完全沥干，否则拌入的调味酱汁味道会被稀释，导致风味不足。

●**食材切法一致**

所有材料最好都切成一口可以吃进的大小，而有些新鲜蔬菜用手撕成小片，口感会比用刀切还好。

●**先用盐腌一下**

例如小黄瓜、胡萝卜等要先用盐腌一下，再挤出适量水分，或用清水冲去盐分，沥干后再加入其他材料一起拌匀，不仅口感较好，调味也会较均匀。

●**酱汁要先调和**

各种调味料要先用小碗调匀，最好能放入冰箱冷藏，待上桌时再和菜肴一起拌匀。

●**冷藏盛菜器皿**

盛装凉拌菜的盘子如能预先冰过，冰凉的盘子装上冰凉的菜肴，可以增加凉拌菜的口感。

●**适时淋上酱汁**

不要过早加入调味酱汁，因多数蔬菜遇咸都会释放水分，冲淡调味，因此最好准备上桌时再淋上酱汁调拌。

●**要用手勺翻拌**

凉拌菜要使用专用的手勺或手铲翻拌，禁止用手直接搅拌。

●**餐具要严格消毒**

制作凉拌菜所用的厨具要严格消毒，菜刀、菜板、擦布要生熟分开，不得混用。夏季气温较高，微生物繁殖特别快，因此，制作凉拌菜所用的器具如菜刀、菜板和容器等均应消毒，使用前应用开水烫洗。不能用切生肉和切其他未经烫洗过的刀来切凉拌菜，否则，前面的清洗、消毒工作等于白做。

●调味品要加热

凉拌菜用的调味品、酱油、色拉油、花生油要经过加热。

●火候要到位

凉拌菜有生拌、辣拌和熟拌之分。对原料进行加工时要注意火候，如蔬菜焯到半成熟时即可，卤酱和煮白肉时，要用微火，慢慢煮烂，做到鲜香嫩烂才能入味。一般生鲜蔬菜适合生拌，肉类适宜熟拌，辣拌则根据不同口味需要具体处理。

3. 制作和食用蔬菜沙拉的窍门

在西方饮食中，蔬菜生食的情况相当多见，而按中国人的习惯是将蔬菜烹制后食用。其实，从营养和保健的角度出发，蔬菜以生食最好。

新鲜蔬菜中所含的维生素C和一些生理活性物质十分“娇气”，很容易在烹调中遭到破坏，蔬菜生食可以最大限度地保留其中的各种营养素。蔬菜中大都含有免疫物质干扰素诱生剂，它可刺激人体细胞产生干扰素，具有抑制细胞癌变和抗病毒感染的作用，而这种功能只有在生食的前提下才能实现。

生吃蔬菜首先要选择新鲜的蔬菜（在冰箱中已经存放了一两天的蔬菜不适合生吃），尽量选绿色无公害产品，食用前用盐水浸泡10分钟，能去掉部分有害物质。

●怎样做蔬菜沙拉

在准备蔬菜沙拉时，最好不要将蔬菜切得太细碎，每片菜叶以一口能吃下的大小为宜，以免因其太细吸附过多的沙拉酱，而吃进去过多的油脂。

（1）奶油增甜香味

做水果沙拉时，可在普通的蛋黄沙拉酱内加入适量的甜味鲜奶油，这样制出的沙拉奶香味浓郁，甜味加重。

（2）酸奶拌菜味更美

在沙拉酱内调入酸奶，可打稀固态的蛋黄沙拉酱，用于拌水果沙拉，味道更好。

（3）添盐加醋增风味

制作蔬菜沙拉时，如果选用普通的蛋黄酱，可在沙拉酱内加入少许醋、盐，更适合我们的口味。

（4）酒水亮色更增鲜

在沙拉酱中加入少许鲜柠檬汁，或白葡萄酒、白兰地，可使蔬菜不变色。如果用于

海鲜沙拉，可令沙拉味道更为鲜美。

（5）手撕叶菜保营养

制作蔬菜沙拉时，叶菜最好用手撕，蔬菜洗净，沥干水后再用沙拉酱搅拌。

（6）蒜头擦盘味更佳

沙拉入盘前，用蒜头擦一下盘边，沙拉入口后味道会更鲜。

●怎样吃蔬菜沙拉

（1）分次切小块

将大片的生菜叶用叉子切成小块，如果不好切可以刀叉并用。一次只切一块，不要一下子将整盘的沙拉都切成小块。

（2）根据沙拉主次选叉具

如果沙拉是一大盘端上来使用沙拉叉，如果和主菜放在一起则要用主菜叉来吃。

（3）吃法因菜品而异

如果沙拉是主菜和甜品之间单独的一道菜，通常要与奶酪和炸玉米片等一起食用。先取一两片面包放在你的沙拉盘上，再取两三个玉米片。奶酪和沙拉要用叉子食用，而玉米片则用手拿着吃。

（4）拌酱勿求一步到位

如果主菜沙拉配有沙拉酱，很难将整碗的沙拉都拌上沙拉酱，先将沙拉酱浇在一部分沙拉上，吃完这部分后再加酱，直到加到碗底的生菜叶部分，这样浇汁就容易多了。

4. 炒菜的分类与制作技巧

炒是最广泛使用的一种烹调方法，就是炒锅烧热，加底油，用葱、姜末炝锅，再将加工成丝、片、块状的原料，直接用旺火热锅热油翻炒成熟。炒又分为生炒、熟炒、软炒、煸炒等。

●生炒

生炒又称火边炒，以不挂糊的原料为主。先将主料放入沸油锅中，炒至五六成熟，再放入配料，配料易熟的可迟放，不易熟的与主料一齐放入，然后加入调味料，迅速颠翻几下，断生即好。这种炒法，汤汁很少，清爽脆嫩。如果原料的块形较大，可在烹制时兑入少量汤汁，翻炒几下，使原料炒透，即可出锅。放汤汁时，需在原料的本身水分炒干后再放，才能入味。

●煸炒

煸炒是将不挂糊的小型原料，经调味品拌腌后，放入八成热的油锅中迅速翻炒，炒到外面焦黄时，再加配料及调味品同炒，待全部卤汁被主料吸收后即可出锅。煸炒菜肴的一般特点是干香、酥脆、略带麻辣。

●软炒（又称滑炒）

先将主料出骨，经调味品拌脆，再用蛋清淀粉上浆，放入五六成热的温油锅中，边炒边使油温增加，炒到油约九成热时出锅；再炒配料，待配料快熟时，投入主料同炒几下，加些卤汁，勾薄芡起锅。软炒菜肴非常嫩滑，但应注意在主料下锅后，必须使主料散开，以防止主料挂糊粘连成块。

●熟炒

熟炒一般先将大块的原料加工成半熟或全熟（煮、烧、蒸或炸熟等），然后改刀成片、块等，放入沸油锅内略炒，再依次加入辅料、调味品和少许汤汁，翻炒几下即成。熟炒的原料大都不挂糊，起锅时一般用湿淀粉勾成薄芡，也有用豆瓣酱、甜面酱等调料烹制而不再勾芡的。熟炒菜的特点是略带卤汁、酥脆入味。

5. 烧菜的制作关键

烧是烹调中国菜肴的一种常用技法，就是将经过初步熟处理的原料，放入汤中调味，大火烧开后小火烧至入味，再用大火收汁成菜的烹调方法。那么怎样才能做出美味又可口的烧菜呢？这就需要掌握一些制作烧菜的关键了。

● 原料初步熟处理环节

绝大部分烧制菜肴的原料都要进行初步熟处理。其作用是排去原料中的水分和腥味，并且起到提香的作用，同时改变原料表层的质地和外观，使其起皱容易上色，能够吸入卤汁和裹附芡汁。烧制菜肴原料的初步熟处理分为三种方法：

（1）焯水处理

用类似焯水的方法，将原料氽至变白、断生或熟透。但要根据原料的特性而言，对于质地比较细嫩的原料要采用氽的方法，如海参丝和笋丝等；质地比较老韧、腥味比较重的原料要采用煮的方法，如牛肉、羊肉、鸭子等；而新鲜的蔬菜原料氽水时要放入少许油，这样能够较好地保持蔬菜的外形，同时可以使蔬菜的色泽更加油亮。氽水过程中，血污重、腥味大的原料要冷水下锅，而且原料老韧的均中火烧沸后去净血污，加入合适的调料用中小火长时间煮到合适的成熟度。鲜味足、血污少的原料宜沸水下锅，对于较嫩的原料要采用中小火加热，掌握好适当的成熟度。

（2）油炸处理

由于原料完全浸在油中，不易接触锅底，所以脱水较快，原料的表面结皮较慢。一些腥味比较重，形态不规则的原料大都采用此法。首先锅里加入比原料多3倍的油，旺火或中火加热。腥味较重、不易散碎的原料可以用中火、中油温，较长时间地加热；而水分多，易碎的原料可以用大火、高油温，短时间炸制，例如豆腐。

（3）煎制处理

锅内放入少许的色拉油，放入原料，用中火或者大火短时间加热。因为原料会直接与锅底接触，所以要注意晃锅，随时改变位置，使其均匀受热。煎制的原料一般有鱼类、明虾、豆腐、排骨等。

● 如何烧焖入味

此步骤将决定菜的味道和质感，加热时要用中小火。

（1）放入调味料的注意事项

经过初步熟处理和直接入锅烧制的原料要先投入调味料，若是动物性原料要先加醋和料酒，方可起到解腥和增香的作用。烹调中，调味料要先于汤水加入，这样可以使原料更多地吸收调料的味道。加汤水时动作要轻，应从锅壁慢慢加入，待汤水烧开后再用中小火烧制。

（2）烧菜加热的时间注意事项

要根据原料的老嫩和形状的大小而定块大、质老的原料要多添加一些水，小火多烧制一段时间；块小、质嫩的原料可以少添加一些水，以烧至断生为度。

（3）菜肴的汤（水）量要加得合适

一般而言，加入汤（水）的数量应为原料的4倍。同时，烧鱼类原料时一般要加入水，以保持鱼的清鲜味道；而烧制禽类、蔬菜原料要用到白汤；烧制山珍和海味时要用浓白汤和高汤。

● **如何收汁勾芡**

收汁勾芡是烧菜中的最后一个环节，也是菜肴烹制的关键。经过烧制的原料已经成熟，质感也已经达到标准，所以，此时要采用大火收汁至黏稠，使卤汁均匀地裹在原料的表面上，收汁的过程中要注意以下几点：

（1）用旺火收汁也要掌握好分寸，并非火力越大越好

即使同样采用旺火，也会有一些细微的差别：汤汁多，原料少时要用大火收汁；汤汁少，原料嫩时要用偏中火收汁，防止汤汁过快糊化影响菜肴的质量。

（2）勾芡要均匀，一步到位

烧菜肴一般都用淋芡和泼芡的方法。给排列整齐或比较易碎的原料勾芡时，不可以用勺子搅拌，否则会出现芡汁成团的现象，所以下芡后一定要晃锅，芡汁也要调制得稍微薄一些。勾芡时芡汁要淋在汤汁翻滚处，同时要边淋边晃动锅，使之均匀成芡。

（3）适量地淋入明油

淋入明油是出锅前的最后一个环节，明油淋入的多少，是决定菜肴视觉好坏的指标。过多地淋入明油，菜肴的亮度增加了，但是会给人一种油腻的感觉，还会使菜肴的汁芡溶解掉；淋入明油太少，菜肴的亮度不够。正确淋明油的方法是将明油从锅边缘淋入，在淋入的同时还要晃动锅，使油沿锅壁沉底，在晃动的同时还可以使芡汁和明油相融，然后出锅装盘。还要注意一点，淋入明油后不要频繁地翻动炒锅，防止菜肴形状碎烂和油被芡汁所包容，失去光泽。

6. 蒸菜的好处及分类

蒸，一种看似简单的烹法，令都市人在吃过了花样百出的菜肴后，对原始而美味的蒸菜念念不忘。如果没有蒸，我们就永远尝不到由蒸变化而来的鲜、香、嫩、滑之味。

● **蒸菜的定义**

蒸是一种重要的烹调方法，其原理是将原料放在容器中，以蒸汽加热，使调好味的原料成熟或酥烂入味。其特点是，保留了菜肴的原形、原汁、原味。比起炒、炸、煎等烹饪方法，能在很大程度上保存菜的各种营养素，更符合健康饮食的要求。

● **蒸菜的四大好处**

（1）吃蒸菜不会上火

蒸的过程是以水渗热、阴阳共济，蒸制的菜肴吃了就不会上火。

（2）吃蒸饭蒸菜营养好

蒸能避免受热不均和过度煎、炸造成营

养成分的破坏和有害物质的产生。

（3）蒸品最卫生

菜肴在蒸的过程中，餐具也得到蒸汽的消毒，避免二次污染。

（4）蒸菜的味道更纯正

“蒸”是利用蒸汽的对流作用，把热量传递给菜肴原料，使其成熟，所以蒸出来的食品清淡、自然，既能保持食物的外形，又能保持食物的风味。

● 蒸制菜肴的种类

清蒸：是指单一口味（咸鲜味）原料直接调味蒸制。

粉蒸：是指腌味的原料上浆后，粘上一层熟米粉蒸制成菜的方法。

糟蒸：是在蒸菜的调料中加糟卤或糟油，使成品菜有特殊的糟香味的蒸法。

上浆蒸：是鲜嫩原料用蛋清淀粉上浆后再蒸的方法。

扣蒸：就是将原料经过改刀处理按一定顺序放入碗中，上笼蒸熟的方法。

7. 做好蒸菜的诀窍

蒸的器具很多，有木制蒸笼、竹制蒸笼，形状可大可小，层次可多可少，可根据原料多少调节。蒸菜时，必须注意分层摆放，汤水少的菜放在上面，汤水多的菜放在下面，淡色菜放在上面，深色菜放在下面，不易熟的菜放在上面，易熟的菜放在下面。要做好蒸菜，必须注意以下关键点：

● 原材料要新鲜

因为蒸制时原料中的蛋白质不易溶解于水中，调味品也不易渗透到原料中，故而最大限度地保持了原汁原味。所以必须选用新鲜原料，否则口味会受影响。

● 调好味

调味分为基础味和补充味，基础味是在蒸制前使原料入味，浸渍加味的时间要长，且不能用辛辣味重的调味品，否则会抑制原料本身的鲜味。补味是蒸熟后加入芡汁，芡汁要咸淡适宜，不可太浓。

● 粉蒸须知

采用粉蒸法时，原料质老的可选用粗米粉，原料质嫩的可选用细米粉。

● 掌握蒸菜的火候与时间

根据烹调要求和原料老嫩来掌握火候。用旺火沸水速蒸适用于质嫩的原料，要蒸熟不要蒸烂，时间为15分钟左右。对质地粗老，要求蒸得酥烂的原料，应采用旺火沸水长时间蒸，时间约为3小时左右。原料鲜嫩的菜肴，如蛋类等应采用中小火慢慢蒸。

● 根据原料确定入笼时间

根据原料耐气冲的程度，分别采用：急气盖蒸，即盖严后在沸滚气体中蒸熟；开笼或半开笼水滚蒸，即暖气升蒸，在冷水上逐渐加热，至气急后蒸成的方法。

8. 炖菜的种类与技巧

炖是指将原料加汤水及调味品，旺火烧沸后，转中小火长时间烧煮成菜的烹调方法。

● 炖的种类

炖有不隔水炖、隔水炖和侉炖三种。

（1）不隔水炖

不隔水炖法是将原料在开水中烫去血污

和腥膻气味，再放入陶制的器皿内，加葱、姜等调味品和水，加盖，直接放在火上烹制。

（2）隔水炖法

隔水炖法是将原料在沸水中烫去腥污后，放入瓷制、陶制的钵内，加葱、姜、酒等调味品与汤汁，用纸封口，将钵放入水锅内，盖紧锅盖，使之不漏气。

（3）侉炖

侉炖是将挂糊过油预制的原料放入砂锅中，加入适量汤和调料，烧开后加盖用小火进行较长时间加热，或用中火短时间加热成菜的技法。

●炖的技巧

（1）调味

原料在炖制开始时，大多不能先放咸味调味品。特别不能放盐，如果盐放早了，盐的渗透作用会严重影响原料的酥烂，延长成熟时间。

（2）原料的处理

选用以畜禽肉类等主料，加工成大块或整块，不宜切小切细，但可制成蓉泥，制成丸子状。

（3）加水

炖时要一次加足水，中途不宜掀盖加水。

9. 煮菜的相关知识

煮是将处理好的原料放入足量汤水，用不同的加热时间进行加热，待原料成熟时，即可出锅的技法。一般是将食物及其他原料一起放在多量的汤汁或清水中，先用武火煮沸，再用文火煮熟。煮的方式包括油水煮、白煮这两种：

●油水煮

原料经多种方式的初步熟处理，预制成为半成品，放入锅内加适量汤汁和调味料，用旺火烧开后，改用中火加热成菜的技法。

制作流程：选料→切配→焯烫等预热处理→入锅加汤调味→煮制→装盘。

热菜煮法以最大限度地抑制原料鲜味流失为目的，所以加热时间不能太长，防止原料过度软散失味。

特点：菜肴质感大多以鲜嫩为主，也有的以软嫩为主，都带有一定汤液，大多不勾芡，少数品种勾芡稀薄以增加汤汁黏性。

技巧：油水煮法所用的原料，一般为纤维短、质细嫩、异味小的鲜活原料。菜肴均带有较多的汤汁，是一种半汤菜。

●白煮

将加工整理的生料放入清水中，烧开后改用中小火长时间加热成熟，冷却切配装盘，配调味料（拌食或蘸食）成菜的冷菜技法。

制作流程：选料→加工整理→入锅煮制→切配装盘→佐以调料。

特点：肥而不腻，瘦而不柴，清香酥嫩，蘸作料食用味美异常。

技巧：白煮的选料严；白煮的原料加工精细；白煮的水质要净；白煮的加热火候要适当。

10. 煎的种类

一般所说的煎，是指用锅把少量的油加热，再把食物放进去使其熟透，表面会金黄色乃至微煳。煎的种类有很多种，有干煎、酥煎、湿煎、煎炒、香煎等，下面我们就介绍一些常见的方法。

●干煎

是一种比较常用的煎制菜肴方法。可将小型原料腌渍后拍上面粉直接煎制成菜；或者将原料切成段或扁平的片后，油炸至八成熟或断生定型，再在煎锅中加入调好的水淀粉芡汁煎至芡汁收干、原料入味。

●酥煎

是将原料腌渍入味，挂酥皮糊后再入存底油的锅中煎制熟的烹调方法。

●湿煎

是对原料进行初步刀工处理成型，加入调料调至入味，用淀粉上浆或拍上干淀粉，用中火煎至定型，再用小火煎熟，以适合的调味汁收汁入味的烹调方法。

●煎炒

是将原料刀工处理后，腌渍入味上浆或拍粉，用小火或中火进行煎制，再烹炒调味至熟的烹调方法。

●香煎

将原料改刀成形后腌渍入味煎熟成菜，起锅前淋入洋酒，如干红、白兰地等，成菜香气四溢。

11. 卤菜制作的步骤与要领

卤是中国菜一种常用的烹调方法，多适用于冷菜的制作。怎样才能制作出美味的卤菜呢？

●卤前预制

大部分动物性原料在卤制前都得经过预制。因为有的原料带有不少血污，有的原料有较重的异味。氽水是卤制前排污除味的常用方法。所谓氽水，即将生鲜原料投入水锅内加热，烧至原料半熟或刚熟，捞出再卤制。特别是对异味较大的牛羊肉、内脏、野味等原料，水量要大，冷水下锅，原料随着水温的逐渐增高，内部的血污、腥味便慢慢排出，还可适量加入葱、姜、料酒等调味品以去腥增香。另有一部分原料为了使其卤制后色泽红润、香透里肌、味深入骨，卤制前要用盐渍或硝腌。如卤牛肉，由于原料异味重，肌肉结构紧密，质地硬实，结缔组织较多，受热后蛋白质凝固得也较坚硬，短时间内难以入味，故须用盐腌渍，即牛肉改刀后，加入适量的盐、姜、葱腌渍一段时间再入锅卤制。

●**卤中烧煮**

原料进入卤锅卤制后，除了添加适量的调味料外，关键是要掌握好卤制的火候。在火力运用上，一般是原料下锅时用大火，烧开后转入中、小火或微火，使卤汁始终保持微沸状态。这样做的目的是防止原料制成后外熟里生、外酥里硬。如果一味用旺火，卤汁激烈沸腾，原料反而不易熟，且易使肉质老化。另外，卤汁沸腾时不断溅在锅壁上，形成薄膜焦化后落入汤中，黏附在原料上，影响成品的质量。旺火还会造成卤汁大量汽化而较快损耗，影响卤水的长期利用。在加热时间控制上，应根据原料的不同质地和大小、投料多少与先后具体掌握，如鸡、鸭、猪肉类需1～2小时，以筷子能戳入为准；牛肉、猪肚类则需更长时间才能卤透。

12. 如何烹制美味营养汤

●**煲汤前原料的处理方法**

煲汤材料品种繁多，干鲜并存，功效各异，不能顺手拿来使用。为了保证煲出来的汤干净卫生，色、香、味俱全，在煲汤前通常要对原材料做一些加工处理，以下介绍几种简单的处理方法。

（1）宰杀

家禽、野味、水产等原料煲汤前均须宰杀，去除毛、鳞、内脏、淋巴、脂肪等。现在的超市、菜市场一般都有这一服务。

（2）洗净

所有煲汤用的原材料均须彻底洗净，以保证汤的洁净、卫生及饮用者的身体健康。瓜、果、菜类的清洗方法较为简单，去头尾、皮、瓤和杂质，清洗干净即可。有些原料的清洗较为复杂，如猪肺，要经注水、挤压，洗至血水消失、猪肺变白为宜。又如猪肚、牛肚、猪小肚，因其带有黏液和异味，宜用花生油加少量淀粉、盐等反复擦洗，以去除黏液和异味。

（3）浸泡

煲汤用的原料有很大一部分是干料，即经过晒干或烘干等脱水步骤干制而成的原料。如银耳、菜干、腐竹、淮山等。要使干料的营养成分易于析出，煲汤前必须进行浸泡。浸泡的时间视不同原料而定，干菜类或中药的花草类浸泡时间可稍短，1小时以内即可，如白菜干、银耳、海带、夏枯草等；坚果、豆类或中药根茎类的浸泡时间应稍长，可浸泡1小时以上，如冬菇、蚝豉、淮山、莲子、芡实等。季节不同，浸泡时间也不同，夏季气温较高，干料易于吸水膨胀，浸泡时间可短；冬季气温较低，干料吸水膨胀需时较长，因而浸泡时间可稍长。

（4）汆水

将经过宰杀和斩件、洗净的原料放入沸水中，稍煮即捞起，用冷水洗净的过程称为汆水。汆水的主要目的在于去除原料的异味、血水、碎骨，使汤清味纯。汆水多用于肉类及家禽等原料。

汤的烹制方法

汤的烹制方法主要有煲、滚、炖等，其中以煲和滚较为常用。

（1）煲

它的特点主要是通过煲的过程，使原料和配料的味和营养成分溶于汤水中，使汤香浓美味。煲汤用的动植物原料应先加工洗净，并通过氽水、煎、爆炒等方法去除腥、膻、污物及异味，使汤清味纯。煲汤以沸水下料为佳，如果冷水下料，从下料到煲滚会经过一段较长的时间，原料在锅底停留时间过长易造成粘底。

（2）滚

是一种方便快捷的煮食方法，也是烹制靓汤的常用方法。其方法是沸水下料，待原料滚熟即可。滚汤省时方便，汤清味鲜，原料嫩滑可口。

（3）炖

它通过炖盅外的高温和蒸汽，使盅内的汤水温度升至沸点，使原料的精华均溶于汤内。由于要加盖或用玉扣纸密封来炖，汤中营养成分可得到较好的保存，故炖品多原汁原味，营养价值高。

汤的烹制技巧

（1）做汤的用水量

煲汤时由于水分蒸发较多，因而煲汤的用水量可多些，其比例大概为1：2。炖汤时，由于要加盖隔水而炖，水分蒸发较少，需要多少汤就用多少水。滚汤用水量要视生滚和煎滚的不同而定，生滚由于需时较短，耗水量少，故汤量可等于用水量；煎滚所需时间稍长，在所需汤量上多加1～2碗水便可。

（2）做汤的火候

滚汤一般用武火，待汤将要煲好，下肉料后，可将火调小，用慢火滚至肉熟，这样可使肉料保持嫩滑之口感，如果火力太猛，会使肉料过熟而变老。煲汤和炖汤均宜先用武火煲滚，再用文火去煲和炖。

（3）做汤的时间

民间有“煲三炖四滚熟”之说。也就是煲汤要用3小时，炖汤要用4小时，滚汤滚至原料熟即可。其实，煲、炖汤的时间要视具体情况而定。若煲、炖瓜、果、菜类的汤，时间可稍短，2小时左右即可；若煲、炖根茎类的药材或甲壳类动物的汤，煲的时间稍长，一般3小时左右。滚汤通常是将原料滚熟即可。

13.料理时必备的料理工具

①**锅**：根据要做的料理、材料的量，应选择合适的锅。一般炒菜或做汤时应使用较深较圆的锅；煎鸡蛋时应使用四角型的平底锅；油炸时要使用较深较厚的炒锅，这样油就不

①

会迸出来。

②**芝士粉碎机**：搅拌奶酪或核桃等比较硬的坚果类时使用的道具。只需旋转把手就能使材料变成粉状。一般做西餐时使用成粉状的材料。

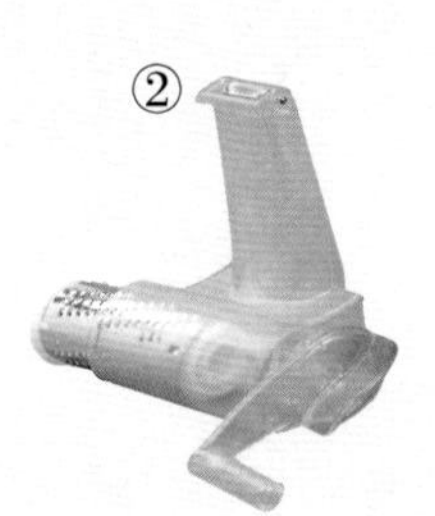

③**榨汁机**：榨汁机有榨汁、搅拌、粉碎等功能。使用搅拌机不仅能榨出鲜果汁，而且能搅拌蔬菜或硬的水果。

④**汤锅**：汤锅根据样式和热导率的不同，可分成很多种。热导率越高的锅，就越容易做料理。

⑤**搅拌机**：可以把剥好的蒜、洋葱或西红柿等各种各样的材料可搅拌成丁。

⑥**烤箱**：使用烤箱不但可以做曲奇、牛排，也可以做多种多样的料理。

⑦**打蛋器**：打蛋器是搅拌材料或弄出泡沫时不可缺少的料理工具，特别是做调味汁时很必要。打蛋机根据规格不同也能分为很多种，料理时可以挑选合适的使用。

⑧**铲勺**：做油炸或煎的料理时可使用铲勺翻食物。因为铲勺中间有洞，油就可以从洞中流出去，所以使用起来很方便。

⑨**汤勺**：汤勺是盛汤或搅拌汤时候使用的道具。汤勺根据大小的不同，可以分为很多种，所以料理时可以挑选合适的汤勺使用。

⑩**料理刀**：切块和切花样时均可使用的多用途刀。

⑪**旋转刀**：胡萝卜、萝卜、黄瓜等蔬菜使用旋转刀切，可切出很好看的形状，也很方便。所以需要切出好看形状时应使用旋转刀。

⑫**漏勺**：捞起漂浮在汤上的油或小材料时使用，会很方便。

⑬**鸡蛋切片机**：使用鸡蛋切片机可以很轻松地把熟鸡蛋切开，容易碎的蛋黄也能切得很好看。